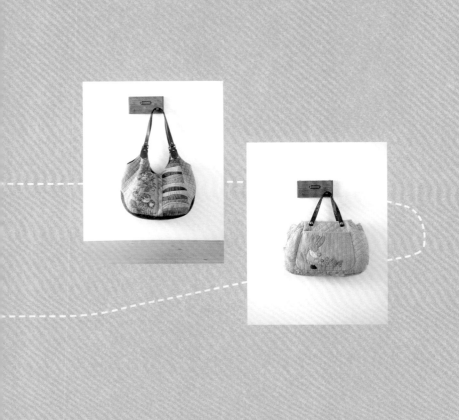

秋田景子の
優雅拼布 Bag

花草素材 × 幾何圖形

25 款幸福感拼接布包

CONTENTS

01 草莓塔針插

妝點著鮮紅草莓的塔型針插，
讓拼布時間更加愉快。

02 鞋型針插

可愛的嬰兒鞋款。
製作可愛的小物，能讓拼布技巧變得更好呢！

03 洋裝鑰匙包

在小巧的洋裝裡，收進了重要的家中鑰匙，
蕾絲衣領與蓬蓬的裙襬，非常可愛呢！

01

02

03

How to make 01 → P.28

How to make 02 → P.29

How to make 03 → P.32

正面

04 蘇姑娘提包

稍大一些的蘇姑娘提包，
與愛犬正相親相愛地散步著……
粉紅卡其色的提包，
側身以六角形布片拼縫，
讓柔軟圓潤的感覺更加可愛。

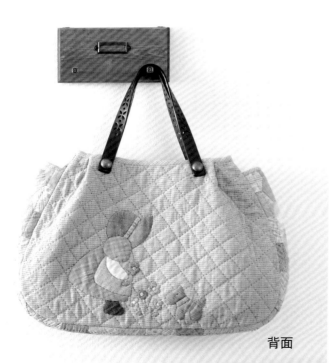

背面

How to make → P.30

05 雙色提把手提包

製作六角形貼布，
再繡上俐落的剪影，
營造出高雅的感覺。

How to make → P.34

正面

06 單色波士頓包

適合三天兩夜小旅行的波士頓包，
以深淺的灰色及茶色作出整體風格。
前方是縫有側身的口袋，
後側也有寬大的口袋，
能夠收納許多旅行用品。

背面

How to make → P.36

07 花束刺繡提包

在寬側身作上小片拼接，
前側的大口袋則繡上花束，
再點綴上燭芯繡，
作出有份量感的成品。
袋口的波浪花樣也給人可愛的印象。

How to make → P.38

08 時髦單肩背包

側身以雅緻色調的拼接組合而成，
袋蓋則以藍灰色布料進行貼布縫，
完成具有成熟感的肩背包。

How to make → P.40

09 葉片貼布提包

作成大開口剪裁的袋口形狀，
既時髦也適合背掛於肩上，
四散的落葉設計，
最適合秋天的裝扮。

具有斜拉鍊口袋的提包後側

How to make → P.42

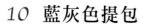

10 藍灰色提包

將花朵貼布部分作成口袋，
以中央的拼布統一成別緻的風格。

How to make → P.44

11 花朵貼布單肩背包

在霧面的卡其布
貼布縫上自然風的花束，
寬面的側身更具收納力。

How to make → P.46

12 玫瑰提包

將提包作成花瓶，
裝飾上玫瑰花朵，
以立體的方式製作花瓣的部分，
是一款適合外出攜帶，
非常實用的包包。

How to make → P.48

13 藍色花朵包

獨一無二的貼布縫花朵，
光是提在手上就洋溢著時尚感。

How to make → P.50

14 六角形先染拼布包

只用了平常都是配角的先染布製作，
就能完成的自然風包款。

How to make → P.33

15 春天拼布畫

以溫柔的春季色彩呈現，邊緣再加上YOYO花朵，可愛度滿分，
正面以自由曲線裝飾，讓作品更有味道。

16 便利波奇包

以三個口袋組合，袋口加上固定釦，中央則是拉鍊口袋，
也能拿來當作迷你包包的大型波奇包。

How to make 15 → P.52
How to make 16 → P.54

17 葉子托特包

適合外出購物的簡單款式，
綴以葉片貼布的大口袋則是裝飾重點。

How to make → P.56

18 優雅花朵提包

在大片區塊上綻放的優雅花朵，
具有稜角的造型，
是獨一無二的提包。

How to make → P.58

19 美麗印花布包

將簡單的布片拼接組合，
襯托出大朵玫瑰花布，展現優雅氣質。

How to make → P.60

20 房子化妝包

給人愉快感的房屋形設計，
以貼布縫製作門窗，
庭院的玫瑰拱門正盛開著呢！

20

21

21 德勒斯登圓舞曲化妝包

寬側身可以充分收納美妝小物，
內裡則加上可放入面紙的口袋。

21- 背面

How to make 20 → P.62
How to make 21 → P.64

22 野玫瑰杯墊

色調可愛的布料，加上立體的野玫瑰，
一起享受愉快的午茶時光吧！

How to make → P.66

23　可愛風迷你提包

優雅的色調，有一朵花在風中搖曳著……
作法簡單，就算是初學者也可以輕鬆完成的包款。

How to make → P.67

24 草莓縫紉包

便於攜帶的手掌大小。
翻開後，內側是機能性強的裁縫包。
正面製作了附有拉鍊的口袋
裝飾的草莓也可以當作針插使用。

How to make → P.68

25 聖誕節蠟燭拼布畫

以貼布縫完成蠟燭與玫瑰，
燭光則以壓線呈現，
以金色的壓線營造整體氛圍。

How to make → P.70

基本工具

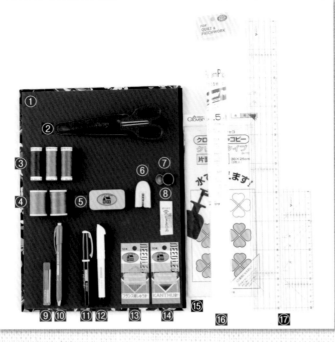

金亀糸業株式会社
http://www.kinkame.co.jp

Clover 株式会社
http://www.clover.co.jp

①	兩用砂板III	能防止布滑掉，穩定的劃線，另一側是燙台。
②	防布逃剪刀200	是重疊厚布料也能安定剪裁的好用剪刀。
③	Metrosene線Art1171	最適用於貼布。
④	Coats Duet#60手縫線	線材滑順，用於拼布縫製（機縫・手縫），線材強度佳。
⑤	LH NEW珠針	由於針頭部分為玻璃珠，可耐住熨燙的高溫。
⑥	LH NEW頂針指套	堅固的雙層皮革，在關節部分加上了鬆緊帶作出合手感。
⑦	LH圓皿頂針器	古典金色彩，在縫製拼布時使用，沉穩又時髦。
⑧	研磨針	製作傳統拼布時使用，不易折斷的堅固縫針。
⑨	KARISMA墨西哥筆筆芯	有著令人驚訝的強度，共有七色可搭配布料使用。
⑩	KARISMA墨西哥筆	就算是粗布目也不容易折斷，能夠滑順的描寫。
⑪	記號筆	由於不會自然消失，適合長時間的縫製作業，也能用在近似白色的先染布上
⑫	記號筆專用清除筆	清除記號筆所描畫的線條時使用。
⑬	LH 法國刺繡針	尖銳的針尖能容易穿過布料，細小的刺繡也能夠輕鬆製作。
⑭	LH KANTHU針	手工燒製的高級壓線用針。滑順的針尖可以作出細緻的壓線。
⑮	水消複寫紙	只要沾水就可以去掉標在布上的記號。 深色布料可以使用可樂牌單面水消複寫紙（白色）。
⑯	冷凍紙	可以用熨斗暫時黏接的紙型。用於貼布、壓線。
⑰	裁布定規尺	清晰易見，不管哪種布料都可以容易看見的定規尺。

拼布包材料

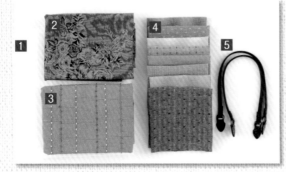

1 舖棉
2 裡布
3 表布（兩脇邊）
4 拼接用布（中央）
5 提把

六角形先染拼布包

使用布料　Daiwabo株式會社
※為了使讀者容易了解，以不同顏色的縫線進行示範。

準備紙型

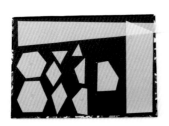

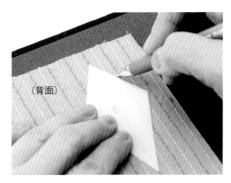

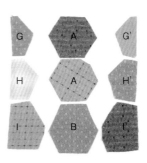

1. 製作A至K的紙型。
※使用拼接專用紙，製作紙型可更加便利。

2. 在布料背面對上紙型，以消失筆標上記號。加上約0.7mm縫份後裁布。
※使用墨西哥筆或記號筆較容易看見，也較易寫。

3. 拼縫A至K。分成A・A・B，G・H・I，G'・H'・I'製作成小布片，各製作2片。（前、後）
※刺繡布等只要以斜布剪裁就能作出同樣感覺。

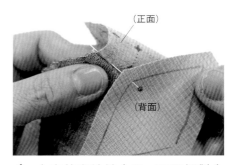

4. 記號至記號縫合。
※起針與收尾都進行1針回針縫。

5. 縫份倒向。
※縫份皆為往上方倒。

6. 中央的布片接上C。正面相對合印後以珠針固定，從布邊開始縫合到記號處。D・E則縫合記號至記號間。

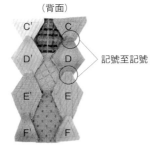

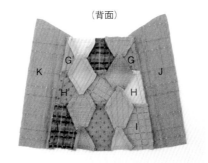

7. C'・D'・E'・F'也是相同縫法。製作2片拼布。與步驟5.作好的G・H・I，G'・H'・I'縫合作成1片。
※以熨斗確實燙壓縫份。

8. 在步驟7.接縫上J・K作成1片。
※縫份倒向J・K。

9. 畫壓線線條。
※以定規尺描畫吧！

鋪棉
裡布（正面）
表布（背面）

10. 剪比主體稍微大一些的裡布和鋪棉，依鋪棉、裡布（正面）、主體（背面）的順序重疊。
※使用雙面鋪棉，不需疏縫，能夠確實作出袋型。

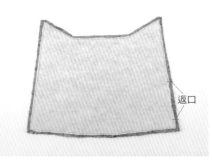

返口

11. 除了返口之外其餘進行機縫，將鋪棉縫份剪至車線邊，側邊相同作法。
※剪裁時小心不要剪到已縫合部分，將縫份盡量剪到極限才能完成漂亮的作品。

12. 由返口翻至正面，返口進行藏針縫縫合後，以熨斗熨燙。

使用雙面鋪棉時的重點
熨燙時不需用力重壓，只施以熨斗重量，以移動熨斗的方式來融解鋪棉背膠。

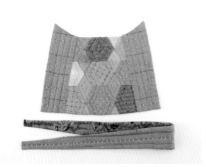

13. 主體（2片）側邊分別壓線。
※袋角部分以錐子作出角角，注意不要傷到布料。

14. 主體與側邊進行捲針縫。
將袋身與側邊正面相對，從內側將袋身主體表布與側邊表布進行捲針縫。
※選擇配合包包布料顏色的縫線，就能完成漂亮的成品。

① ② ③

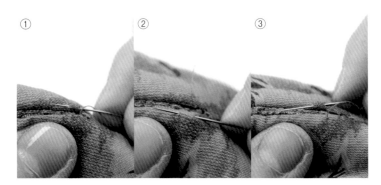

15. 再從包包內側將裡布和裡布以冂字縫縫合。

16. 縫上提把即完成。
※把手位置標出記號，取2股壓縫線以半回針縫縫合，接縫的內側以裡布進行貼布縫。

※冂字縫

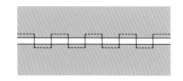

貼布縫小祕訣

※冷凍紙有兩種用法。
可黏在布料上方或黏接在布料背面，
本書選用黏接在布料背面的作法。

正面　　　　　　背面

（背面）

點

1. 在冷凍紙光澤面上以原子筆描寫圖案。
※光澤面為黏接面。

2. 剪下圖案，以熨斗熨燙在布料背面，此時光澤面作為背面。
※圖案無光澤面部分則更方便寫上數字。

3. 布料加上3mm縫份後剪布。
※剪葉片時，先加上一點標記出葉子前端。

4. 以水消複寫紙在作貼布縫的底布描上圖案，上面放上塑膠紙以紅色原子筆描寫。
※以紅色描寫是因為可以清楚看出描寫位置。

5. 為了不弄破圖案所以需要塑膠紙，底布印上圖案。
※就算圖案和貼布稍微有些偏掉，使用的複寫紙可以以水消掉，相當方便。

6. 貼布縫順序
從直線處開始進行貼布縫較為容易。

從此處取出冷凍紙。

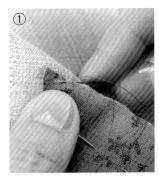

① 　　　② 　　　③

7. 貼布縫到①中冷凍紙的5mm前為止。②摺左邊縫份。③再一次摺疊左邊縫份，貼布縫剩餘部分。葉子前端不要入針可以作出更漂亮的成品。

8. 取出冷凍紙，貼布縫剩餘部分。
※選用與布料顏色相近的縫線（手縫線）進行貼布縫。

冷凍紙·····················金亀糸業株式会社
水消複寫紙···············Clover株式会社

01 草莓塔針插

◆材料
主體布…卡其織紋布15×10cm
側面布…零碼布適量
貼布縫用布…零碼布適量
底布…茶色格紋布10×10cm
厚紙…5×7cm
鋪棉…30×15cm
填充棉…適量

◆完成尺寸　參照圖示

◆作法
1. 製作側面。
2. 縫製底部。
3. 接縫側面與底部。
4. 製作主體。
5. 製作・接縫草莓。

1.製作側面

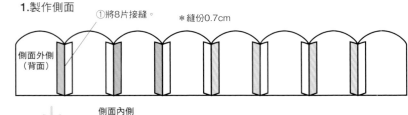

①將8片接縫。　＊縫份0.7cm

側面外側
（背面）

②側面內側與鋪棉對合縫上。

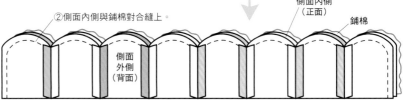

側面內側
（正面）　鋪棉

側面
外側
（背面）

③翻至正面。

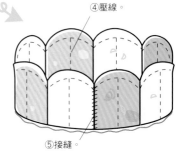

④壓線。

⑤接縫。

2.縫製底部

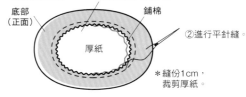

①放上鋪棉與厚紙。

底部
（正面）　鋪棉

厚紙

②進行平針縫。

＊縫份1cm，
裁剪厚紙。

3.接縫側面與底部

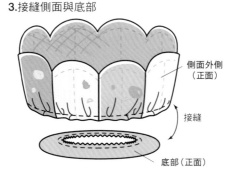

側面外側
（正面）

接縫

底部（正面）

4.製作主體

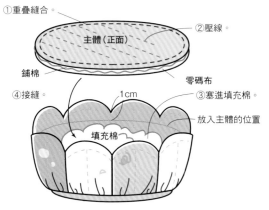

①重疊縫合。

主體（正面）

②壓線。

鋪棉　　零碼布

④接縫。

1cm

③塞進填充棉。

填充棉

放入主體的位置

⑩接縫草莓。

5cm

9cm

6cm

5.製作・接縫草莓

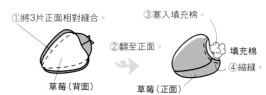

①將3片正面相對縫合。

草莓（背面）

②翻至正面。

③塞入填充棉。

填充棉

草莓（正面）

④縮縫。

⑤將2片蒂頭正面相對縫合周圍。

草莓蒂（背面）

⑥翻至正面。

⑦壓線。

⑧接縫。

⑨製作2顆。

02 鞋型針插

◆材料
主體布…花朵圖案卡其布10×15cm
側面布（含鞋帶）…綠色織紋布15×15cm
底布…茶色織紋布10×15cm
厚紙…5×9cm
鋪棉…6×10cm
填充棉…適量

◆完成尺寸　參照圖示

◆作法
1. 製作鞋帶。
2. 縫製側面。
3. 接縫側面與底部。
4. 接縫於主體上部即完成。

1.製作鞋帶

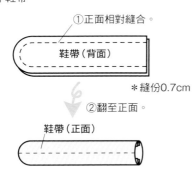

①正面相對縫合。
鞋帶（背面）
＊縫份0.7cm
②翻至正面。
鞋帶（正面）

3.接縫側面與底部

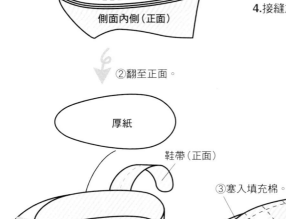

①縫合。
底部（背面）
側面內側（正面）
②翻至正面。
厚紙
鞋帶（正面）
側面外側（正面）

2.縫製側面

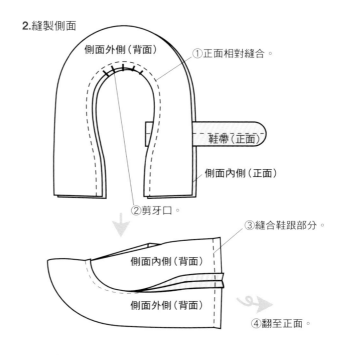

側面外側（背面）
①正面相對縫合。
鞋帶（正面）
側面內側（正面）
②剪牙口。
③縫合鞋跟部分。
側面內側（背面）
側面外側（背面）
④翻至正面。

4.接縫於主體上部即完成

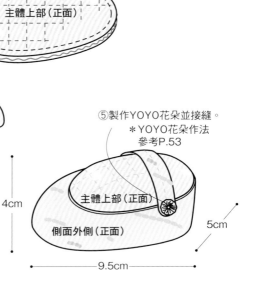

① 縫合。
②壓線。
主體上部（正面）
鋪棉
零碼布
③塞入填充棉。
主體上部（正面）
側面外側（正面）
④藏針縫。
4cm
⑤製作YOYO花朵並接縫。
＊YOYO花朵作法
參考P.53
主體上部（正面）
側面外側（正面）
5cm
9.5cm

04 蘇姑娘提包

P.3作品　紙型A面

◆材料
主體布…粉紅織紋布95×35cm
貼布縫用布…零碼布適量
口袋布…粉紅織紋布20×25cm
側邊布…零碼布適量
裡布…花朵印花布95×55cm
鋪棉…95×55cm
包邊（斜布條）…粉紅織紋布4.5×100cm
…花朵印花布4.5×180cm
提把…2cm寬皮製提把1組
25號繡線…各色適量

◆完成尺寸　參照圖示

◆作法
1.主體貼布縫後製作主體。
2.將主體部分‧鋪棉及裡布重疊壓線。
3.製作側邊。
4.縫製口袋。
5.接縫主體與側邊，再加上口袋。
6.縫上提把。

1.主體進行貼布縫後製作主體

①貼布縫。
主體布前片（正面）
輪廓繡（卡其色　2股）
②刺繡。
直線繡（焦茶色　3股）
輪廓繡（苔綠色　3股）

＊主體縫份為1cm，貼布縫縫份為0.7cm

2.將主體部分‧鋪棉及裡布重疊壓線

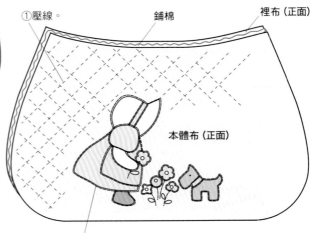

①壓線。
鋪棉
裡布（正面）
本體布（正面）

②貼布縫周圍進行落針壓線。

③主體布後片不必作貼布縫及刺繡，
以相同作法再縫製1片。

3.製作側邊

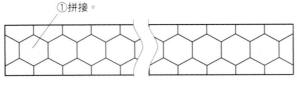

①拼接。

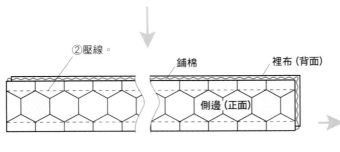

②壓線。
鋪棉
裡布（背面）
側邊（正面）

③兩端以4cm斜布條包邊。
側邊（正面）
0.9cm

4. 縫製口袋

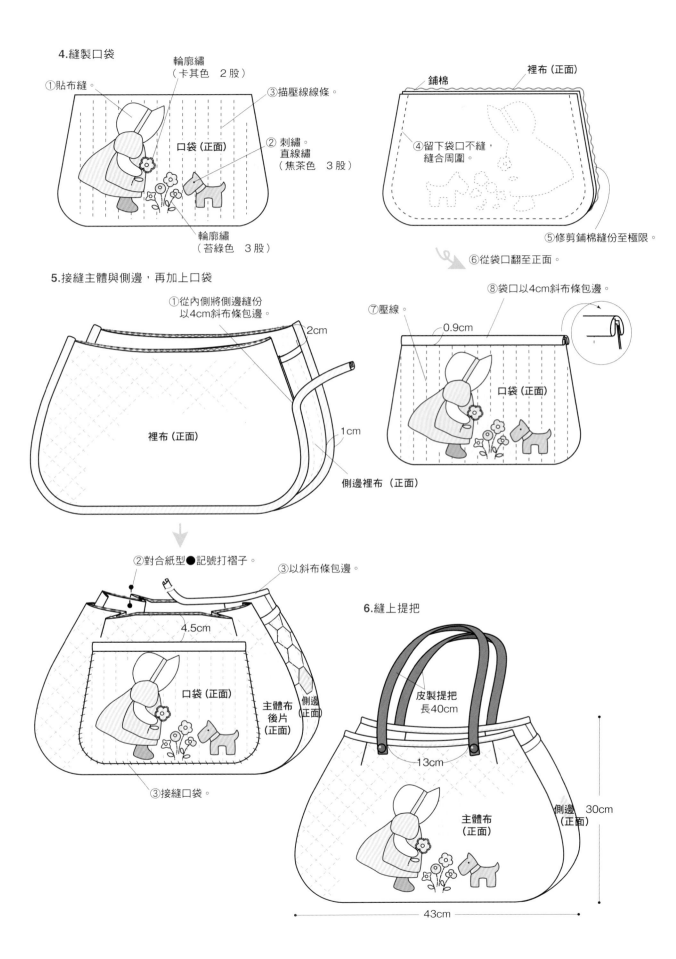

①貼布縫。

輪廓繡
（卡其色　2 股）

③描壓線線條。

② 刺繡。
直線繡
（焦茶色　3 股）

口袋（正面）

輪廓繡
（苔綠色　3 股）

鋪棉

裡布（正面）

④留下袋口不縫，
縫合周圍。

⑤修剪鋪棉縫份至極限。

⑥從袋口翻至正面。

5. 接縫主體與側邊，再加上口袋

①從內側將側邊縫份
以4cm斜布條包邊。

2cm

裡布（正面）

1cm

側邊裡布（正面）

⑦壓線。

⑧袋口以4cm斜布條包邊。

0.9cm

口袋（正面）

②對合紙型●記號打褶子。

③以斜布條包邊。

4.5cm

口袋（正面）

主體布
後片
（正面）

側邊
（正面）

③接縫口袋。

6. 縫上提把

皮製提把
長40cm

13cm

主體布
（正面）

側邊
（正面）

30cm

43cm

31

03 洋裝鑰匙包

P.2作品　紙型P.59

◆材料
主體布A…粉紅織紋布10×20cm
主體布B…淺茶色點點印花布10×10cm
袖布…淺茶色點點印花布10×10cm
單膠鋪棉…10×20cm
1cm寬蕾絲…茶色系10cm
0.9cm寬緞帶…茶色系25cm
蠟繩…卡其色16cm
圓形小玻璃珠…粉紅色2顆
五金鑰匙圈…古銅色1個

◆完成尺寸　參照圖示

◆作法
1. 縫製主體。
2. 製作袖子。
3. 接縫主體與袖子。
4. 完成鑰匙包。

2. 製作袖子

①縫合記號至記號之間。

②翻至正面。

③以平針縫縮縫。

④縫份塞進內側
進行ㄇ字縫。

⑤以相同作法再縫製1片

3. 接縫主體與袖子

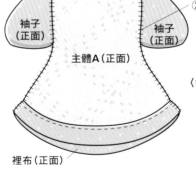

①從正面進行藏針縫。

②夾進袖子後縫合。

1. 縫製主體

②預留返口不縫，縫合周圍。

③剪牙口。

①貼布縫。

返口

裡布（正面）
單膠鋪棉

主體A（正面）

主體B（正面）

主體A（背面）

④翻至正面。

⑤縫合返口。

⑥壓線。

⑦以相同作法再縫製1片。

主體A（正面）

主體B（正面）

4. 完成鑰匙包

〈領子〉①將10cm蕾絲兩端摺疊後縫合。

1cm　　　1cm

蕾絲

②接縫洋裝領子部分。

③縫上珠珠。

④縫合固定。

⑤蠟繩穿過緞帶後縫合固定。

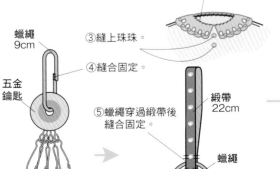

蠟繩
9cm

五金
鑰匙

緞帶
22cm

蠟繩

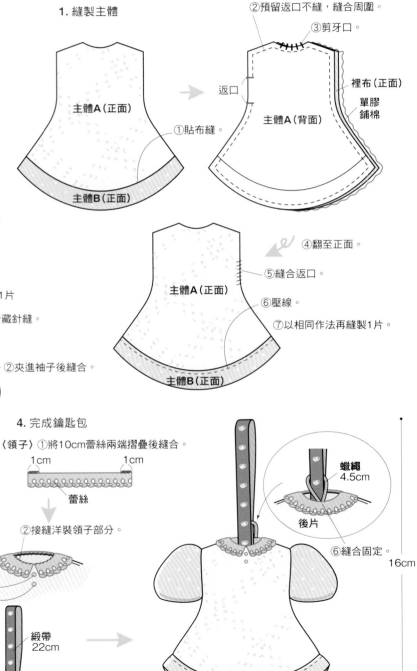

蠟繩
4.5cm

後片

⑥縫合固定。

16cm

7cm

14 六角形先染拼布包

P.14作品　紙型C面

◆材料
主體布A至I…零碼布適量
主體布J‧K…苔綠色織紋布55×30cm
側邊布…苔綠色織紋布90×10cm
裡布…灰色印花布90×40cm
鋪棉…90×40cm
提把…1cm寬皮製提把1組
◆完成尺寸　參照圖示

◆作法
1. 製作主體。
2. 縫製側邊。
3. 接縫主體與側邊。
4. 縫上提把。

1.製作主體

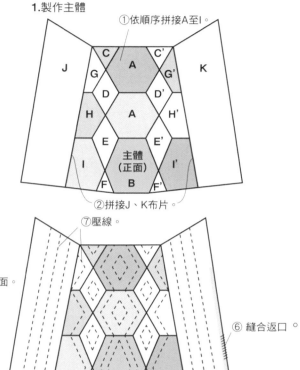

①依順序拼接A至I。
②拼接J、K布片
⑦壓線。
⑥縫合返口。
⑧以相同作法再縫製1片。

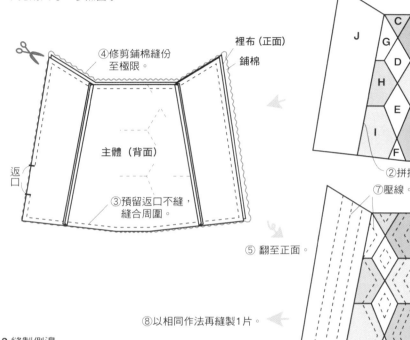

④修剪鋪棉縫份至極限。
裡布（正面）
鋪棉
返口
主體（背面）
③預留返口不縫，縫合周圍。
⑤翻至正面。

2.縫製側邊
與主體相同作法

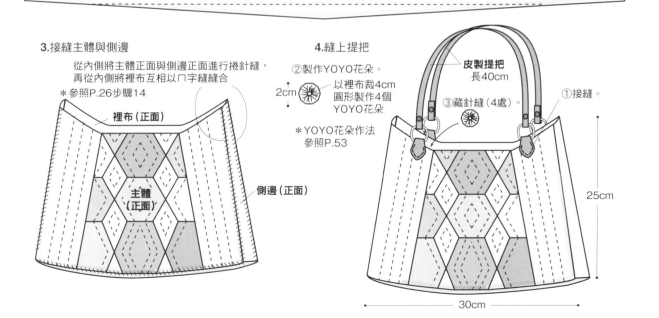

3.接縫主體與側邊
從內側將主體正面與側邊正面進行捲針縫，再從內側將裡布互相以ㄇ字縫縫合
＊參照P.26步驟14
裡布（正面）
主體（正面）
側邊（正面）

4.縫上提把
②製作YOYO花朵。
以裡布裁4cm圓形製作4個YOYO花朵
2cm
＊YOYO花朵作法參照P.53
皮製提把
長40cm
③藏針縫（4處）。
①接縫。
25cm
30cm

05 雙色提把手提包

◆材料
主體布A…胭脂紅織紋布65×25cm
主體布B…胭脂紅織紋布40×15cm
貼布縫用布…零碼布適量
裡布…紅色印花布75×55cm
側邊布…胭脂紅織紋布75×15cm
鋪棉…75×55cm
包邊（斜布條）…粉紅色印花布4×70cm
提把…2cm寬皮製提把1組
25號繡線…淺茶色適量
◆完成尺寸　參照圖示

◆作法
1.製作六角形紙板。
2.在主體上進行貼布縫‧刺繡。
3.主體布‧鋪棉與裡布疊合後壓線。
4.縫製側邊。
5.接縫主體與側邊。
6.縫上提把。

1.製作六角形紙板

① 以畫紙剪14片紙型。

②將貼布縫布與畫紙重疊
再以珠針固定。

貼布縫A
畫紙

貼布縫B
畫紙

＊可以使用市售的紙型

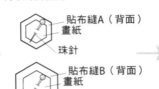

貼布縫A（背面）
畫紙
珠針

貼布縫B（背面）
畫紙
珠針

③疏縫壓出形狀。

④以熨斗熨燙後
取出畫紙。

2.在主體上進行貼布縫‧刺繡

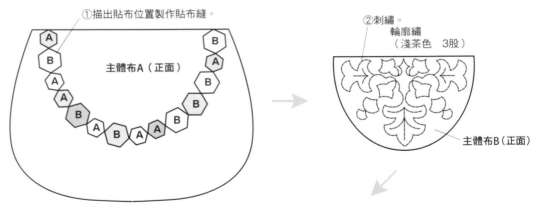

①描出貼布位置製作貼布縫。

主體布A（正面）

②刺繡。
輪廓繡
（淺茶色　3股）

主體布B（正面）

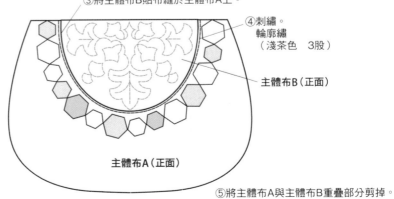

③將主體布B貼布縫於主體布A上。

④刺繡。
輪廓繡
（淺茶色　3股）

主體布B（正面）

主體布A（正面）

⑤將主體布A與主體布B重疊部分剪掉。

3.主體布・鋪棉與裡布疊合後壓線

④落針壓線。

裡布（正面）
鋪棉
主體布（背面）

①留下袋口不縫，
縫合周圍。

③從袋口
翻至正面。

主體布（正面）

②修剪鋪棉縫份至極限。

⑥以相同方法再縫製1片。　⑤對合布料花樣壓線。

4.縫製側邊

裡布（正面）鋪棉

①預留返口不縫，縫合周圍。　側邊（背面）

返口

②從返口翻至正面。　④對合布料花樣壓線

側邊（正面）

5.接縫主體與側邊

③縫合返口。

②以4cm的斜布條包邊。

6.縫上提把

0.9cm

皮製提把
長40cm

接縫提把

側邊
（正面）

主體布（正面）

①從內側將主體正面及側邊正面進行捲針縫，
再從內側將裡布以ㄇ字縫縫合。
＊參照P.26步驟14

24cm

30cm

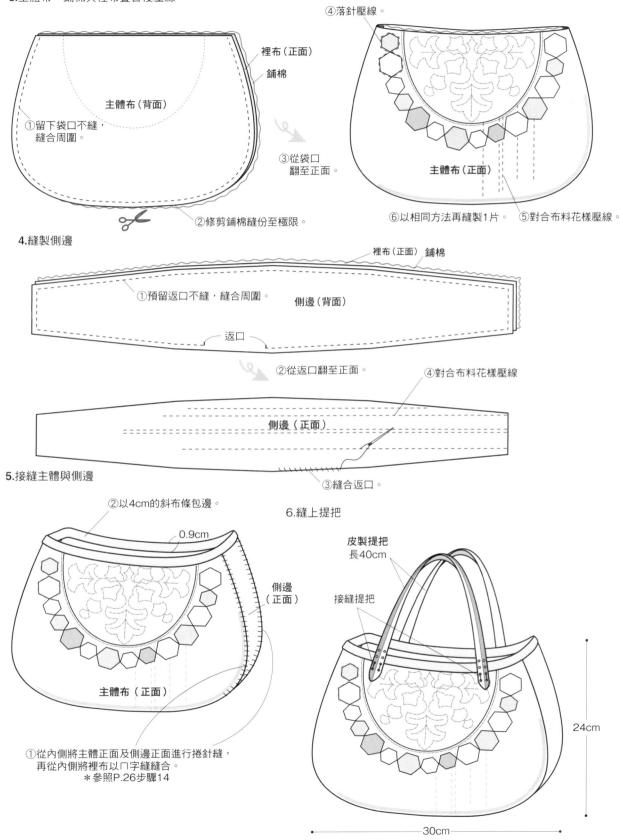

06 單色波士頓包

P.5作品　紙型A面

◆材料
主體布⋯苔綠色織紋布70×25cm
主體側邊布A・B，吊耳⋯灰色織紋布92×30cm
貼布縫用布⋯零碼布適量
口袋布A⋯格紋布40×25cm
口袋布A側邊⋯茶色織紋布60×70cm
口袋布B⋯苔綠色織紋布75×25cm
裡布⋯卡其色印花布92×185cm
包邊（斜布條）⋯粉紅色印花布4.5×100cm
鋪棉⋯95×190cm
提把⋯1cm寬皮製提把1組
接縫用磁釦⋯1組
拉鍊⋯52cm 黑色1條
◆完成尺寸　參照圖示

◆作法
1.製作口袋A。
2.製作口袋A蓋布。
3.製作口袋B。
4.製作主體，接縫口袋。
5.製作側邊。
6.縫合主體與側邊。
7.接縫提把。

1.製作口袋A

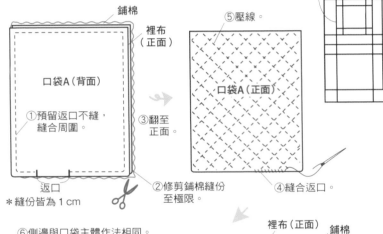

2.製作口袋A蓋布

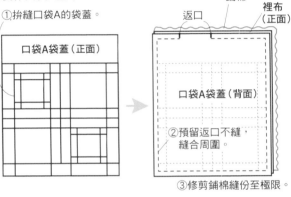

⑦縫合口袋主體與側邊。

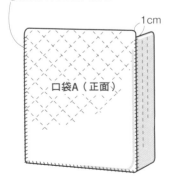

3.製作口袋B

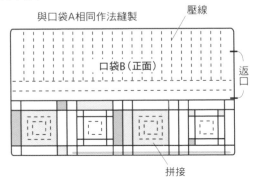

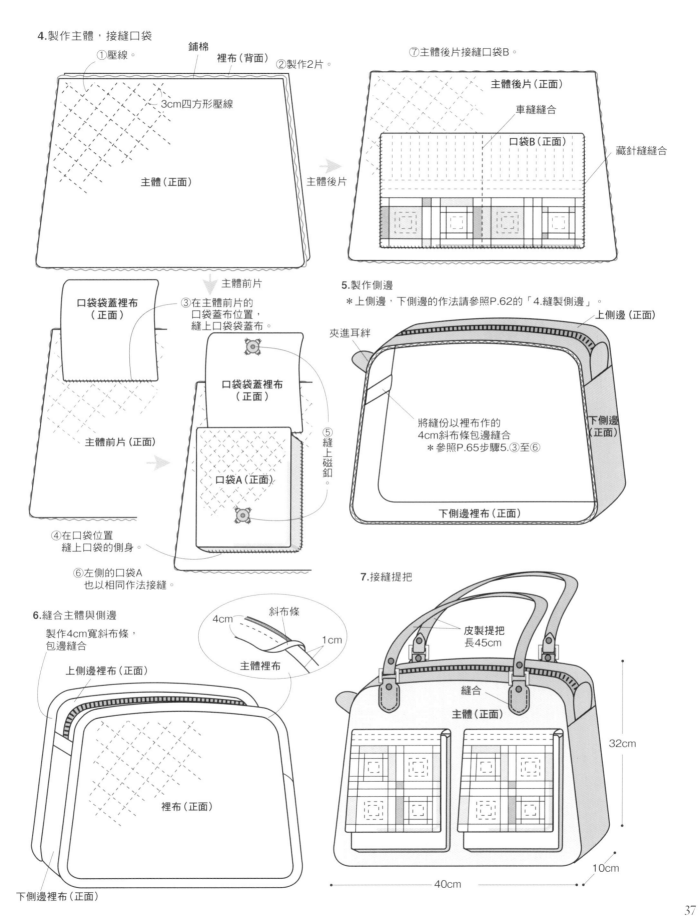

4.製作主體，接縫口袋

①壓線。
鋪棉
裡布（背面）
②製作2片。

3cm四方形壓線

主體（正面）

主體後片

⑦主體後片接縫口袋B。

主體後片（正面）

車縫縫合

口袋B（正面）

藏針縫縫合

主體前片

③在主體前片的
口袋蓋布位置，
縫上口袋袋蓋布。

口袋袋蓋裡布
（正面）

口袋袋蓋裡布
（正面）

⑤縫上磁釦。

主體前片（正面）

口袋A（正面）

④在口袋位置
縫上口袋的側身。

⑥左側的口袋A
也以相同作法接縫。

5.製作側邊
＊上側邊，下側邊的作法請參照P.62的「4.縫製側邊」。

上側邊（正面）

夾進耳絆

下側邊
（正面）

將縫份以裡布作的
4cm斜布條包邊縫合
＊參照P.65步驟5.③至⑥

下側邊裡布（正面）

6.縫合主體與側邊
製作4cm寬斜布條，
包邊縫合

4cm
斜布條
1cm
主體裡布

上側邊裡布（正面）

裡布（正面）

下側邊裡布（正面）

7.接縫提把

皮製提把
長45cm

縫合

主體（正面）

32cm

10cm

40cm

37

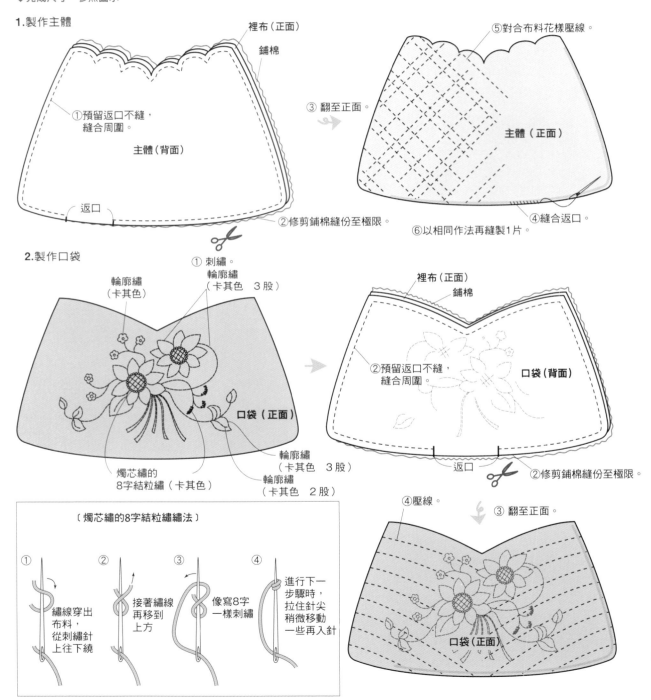

07 花束刺繡提包

P.6作品　紙型A面

◆材料
主體布…茶色織紋布70×25cm
口袋布…淺茶色織紋布70×25cm
貼布縫用布（側邊）…零碼布適量
裡布…卡其色印花布80×60cm
鋪棉…80×60cm
提把…1cm寬皮製提把1組
◆完成尺寸　參照圖示

◆作法
1.製作主體。
2.製作口袋。
3.縫製側邊。
4.主體接縫側邊及口袋。
5.接縫提把即完成。

1.製作主體

裡布（正面）
鋪棉

①預留返口不縫，
　縫合周圍。
主體（背面）

返口

②修剪鋪棉縫份至極限。

⑤對合布料花樣壓線。

③ 翻至正面。

主體（正面）

④縫合返口。

⑥以相同作法再縫製1片。

2.製作口袋

① 刺繡。
輪廓繡
（卡其色）
輪廓繡
（卡其色　3股）

口袋（正面）

輪廓繡
（卡其色　3股）

燭芯繡的
8字結粒繡（卡其色）

輪廓繡
（卡其色　2股）

裡布（正面）
鋪棉

②預留返口不縫，
　縫合周圍。
口袋（背面）

返口

②修剪鋪棉縫份至極限。

〔燭芯繡的8字結粒繡繡法〕

① 繡線穿出
布料，
從刺繡針
上往下繞

② 接著繡線
再移到
上方

③ 像寫8字
一樣刺繡

④ 進行下一
步驟時，
拉住針尖
稍微移動
一些再入針

④壓線。

③ 翻至正面。

口袋（正面）

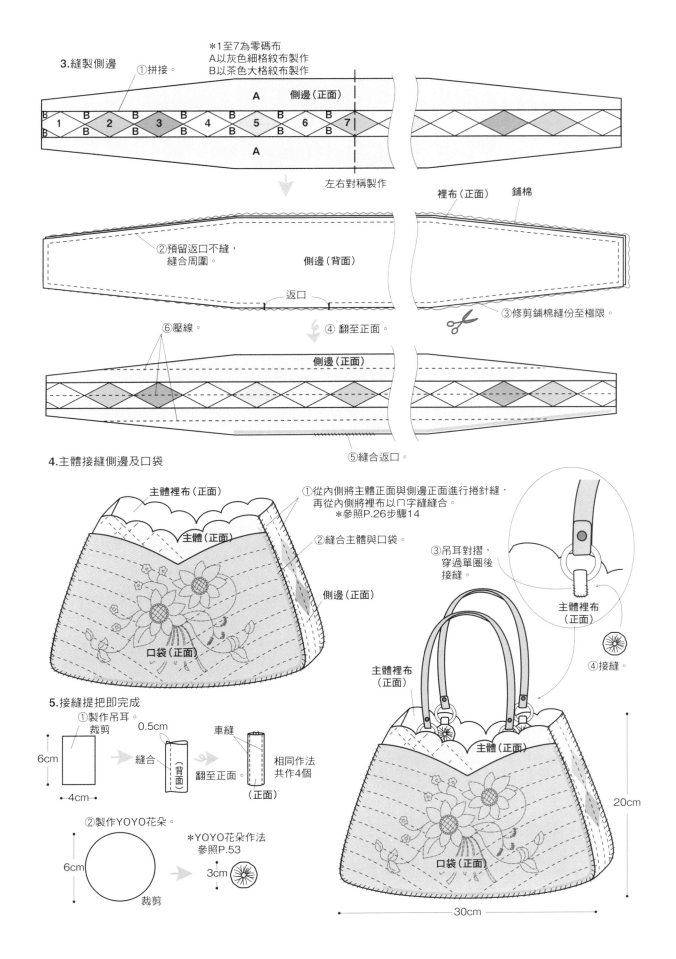

3.縫製側邊　①拼接。

*1至7為零碼布
A以灰色細格紋布製作
B以茶色大格紋布製作

A　側邊（正面）

B　B　B　B　B　B　B
B　1　2　3　4　5　6　7　B
B　B　B　B　B　B　B

A

左右對稱製作

裡布（正面）　鋪棉

②預留返口不縫，
縫合周圍。

側邊（背面）

返口

③修剪鋪棉縫份至極限。

⑥壓線。

④翻至正面。

側邊（正面）

⑤縫合返口。

4.主體接縫側邊及口袋

主體裡布（正面）

主體（正面）

口袋（正面）

①從內側將主體正面與側邊正面進行捲針縫，
再從內側將裡布以ㄇ字縫縫合。
　*參照P.26步驟14

②縫合主體與口袋。

側邊（正面）

③吊耳對摺，
穿過單圈後
接縫。

主體裡布
（正面）

④接縫。

主體裡布
（正面）

主體（正面）

口袋（正面）

5.接縫提把即完成

①製作吊耳。
　裁剪

6cm
←4cm→

0.5cm

縫合

（背面）

翻至正面。

車縫

（正面）

相同作法
共作4個

②製作YOYO花朵。

6cm

裁剪

*YOYO花朵作法
參照P.53

3cm

20cm

30cm

39

08 時髦單肩背包

◆材料
主體布…茶色織紋布60×30cm
袋蓋…茶色織紋布50×30cm
貼布縫用布（側邊）…零碼布適量
裡布…灰色印花布75×40cm
鋪棉…75×40cm
提把…1.7cm寬皮製提把1組
接縫磁釦…1組
◆完成尺寸　參照圖示

◆作法
1.製作主體。
2.縫製側邊。
3.製作袋蓋。
4.主體接縫側邊，袋蓋。
5.接縫提把即完成。

1.製作主體

①描壓線線條。

主體（正面）

＊縫份皆為1cm

裡布（正面）

鋪棉

②預留返口不縫，縫合周圍。

主體（背面）

返口

③修剪鋪棉縫份至極限。

④翻至正面。

⑥壓線。

主體（正面）

⑦以相同作法再縫製1片。

⑤縫合返口。

2.縫製側邊

①拼接。

②製作左右對稱的2片。

③與主體相同作法製作側邊（1.的步驟②至⑤）。

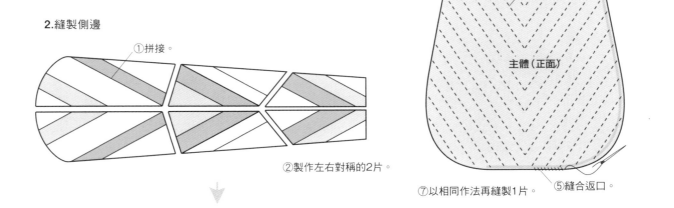

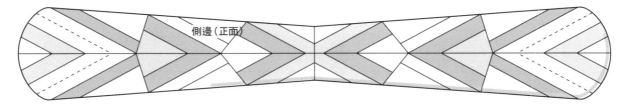

側邊（正面）

3.製作袋蓋

① 貼布縫。

袋蓋（正面）

② 刺繡。輪廓繡
（苔綠色　3股）

裡布（正面）
鋪棉

③ 留下袋口不縫，縫合周圍。

袋蓋（正面）

⑤ 翻至
正面。

④ 修剪鋪棉縫份
至極限。

⑥ 壓線。

袋蓋
（正面）

1cm

⑦ 以4cm斜布條包邊。

袋蓋
（正面）

4.主體接縫側邊・袋蓋

① 從內側將主體正面與側邊正面進行捲針縫，
再從內側將裡布以ㄇ字縫縫合。
＊參照P.26步驟14

主體（正面）

② 在主體後片接
縫上袋蓋。

袋蓋（正面）

主體後片（正面）

5.接縫提把即完成

① 製作吊耳。

裁剪

3.5cm

—2cm—

0.5cm

縫合

〈背面〉

翻至正面

車縫

〈正面〉

相同作法
共作4個

② 吊耳對摺，
穿過單圈後
接縫。

③ 製作YOYO花朵。

4cm

裁剪

＊YOYO花朵作法
參照P.53

2cm

側邊裡布
（正面）

④ 接縫。

⑤ 縫上磁釦。

皮製提把
長45cm

袋蓋
（正面）

主體（正面）

25cm

—28cm—

41

09 葉片貼布提包

◆材料
主體布A…茶色十字花樣布30×30cm
主體布B…茶色織紋布40×45cm
主體布C・D…茶色織紋布50×45cm
提把布…茶色十字花樣布35×15cm
底布…茶色十字花樣布30×15cm
釦絆布…茶色十字花樣布15×20cm
裡布…茶色印花布100×60cm
鋪棉…100×60cm

直徑12mm的提把芯…50cm
拉鍊…16cm茶色1條
接縫磁釦…1組
◆完成尺寸　參照圖示
◆作法
1.主體進行貼布縫・刺繡。
2.主體布・鋪棉與裡布疊合後壓線。
3.製作底部。
4.製作釦絆。
5.縫製提把。
6.主體接上拉鍊・打褶・縫上袋蓋。
7.縫合脇邊，與底部接縫。
8.接縫提把。

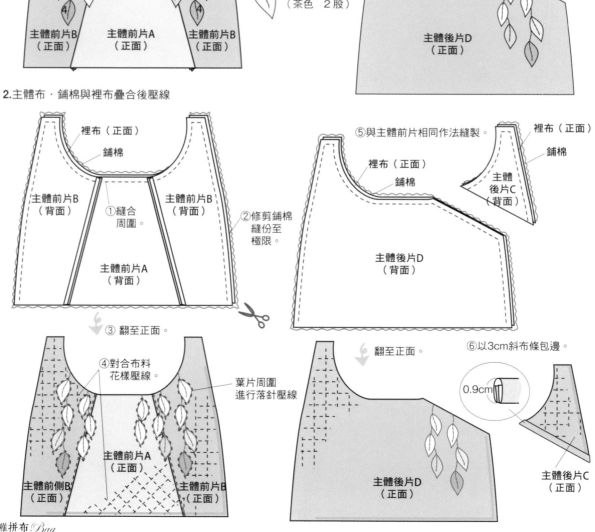

1.主體進行貼布縫・刺繡

左右對稱
描畫紙型
1至7

1 5 2 3 6 7 8 9 4
主體前片B（正面）
主體前片A（正面）
主體前片B（正面）

①貼布縫。
②刺繡。

輪廓繡（茶色　3股）
輪廓繡（茶色　2股）

①貼布縫。
②刺繡。
主體後片D（正面）

2.主體布・鋪棉與裡布疊合後壓線

裡布（正面）
鋪棉
主體前片B（背面）
主體前片B（背面）
①縫合周圍。
主體前片A（背面）
②修剪鋪棉縫份至極限。

⑤與主體前片相同作法縫製。
裡布（正面）
鋪棉
主體後片C（背面）
裡布（正面）
鋪棉
主體後片D（背面）

③翻至正面。

④對合布料花樣壓線。
葉片周圍進行落針壓線
主體前片A（正面）
主體前側B（正面）
主體前片B（正面）

翻至正面。
⑥以3cm斜布條包邊。
0.9cm
主體後片D（正面）
主體後片D（正面）
主體後片C（正面）

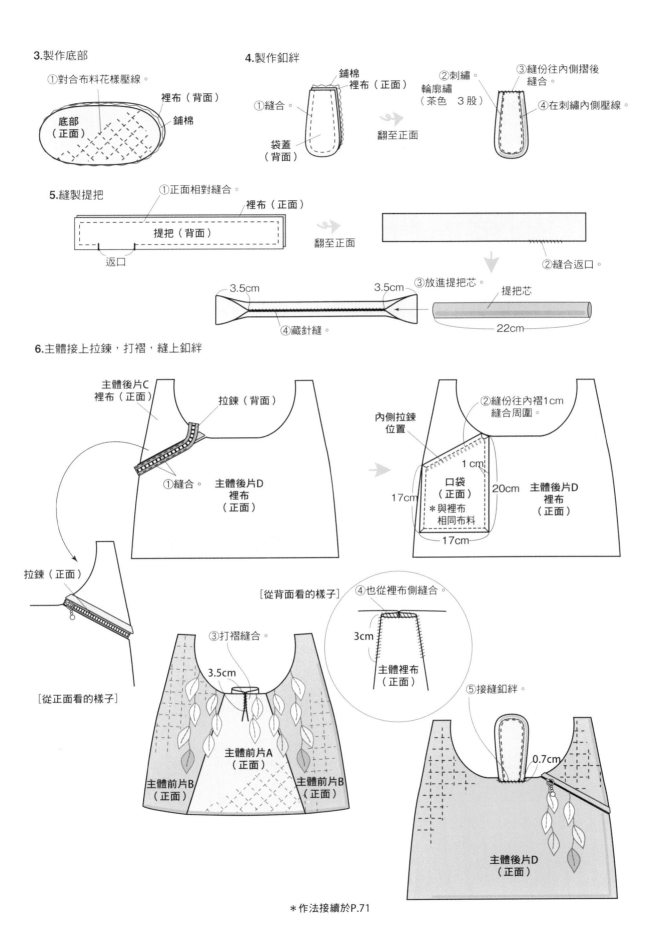

3.製作底部
①對合布料花樣壓線。
裡布（背面）
底部（正面）
鋪棉

4.製作釦絆
鋪棉
裡布（正面）
①縫合。
袋蓋（背面）
翻至正面
②刺繡。
輪廓繡（茶色 3股）
③縫份往內側摺後縫合。
④在刺繡內側壓線。

5.縫製提把
①正面相對縫合。
裡布（正面）
提把（背面）
返口
翻至正面
②縫合返口。
3.5cm　　　3.5cm
④藏針縫。
③放進提把芯。
提把芯
22cm

6.主體接上拉鍊，打褶，縫上釦絆
主體後片C
裡布（正面）
拉鍊（背面）
①縫合。
主體後片D
裡布（正面）
②縫份往內褶1cm縫合周圍。
內側拉鍊位置
口袋（正面）
＊與裡布相同布料
17cm
1cm
20cm
17cm
主體後片D
裡布（正面）
拉鍊（正面）
［從正面看的樣子］
③打褶縫合。
3.5cm
主體前片A（正面）
主體前片B（正面）
主體前片B（正面）
［從背面看的樣子］
④也從裡布側縫合。
3cm
主體裡布（正面）
⑤接縫釦絆。
0.7cm
主體後片D（正面）

＊作法接續於P.71

10 藍灰色提包

P.10作品　紙型B面

◆材料
主體布…藍色先染布100×55cm
貼布縫用布…零碼布適量
口袋布…格紋先染布40×20cm
裡布（含YOYO花朵）…花朵印花布100×85cm
側邊布…藍色印花布90×10cm
鋪棉…100×65cm
包邊布（斜布條）…印花布4×75cm
提把…2cm寬皮製提把1組
25號繡線…茶色適量
◆完成尺寸　參照圖示

◆作法
1.拼接主體前片的1至6，貼布縫‧刺繡。
2.主體後片進行貼布縫‧刺繡。
3.主體布‧鋪棉與裡布疊合後壓線。
4.縫製側邊。
5.製作口袋。
6.縫合主體‧接縫口袋。
7.接縫提把。

1.拼縫主體前片的1至6，貼布縫‧刺繡

主體布前片

B　　B'
1 1'
2 2'
3 3'
4 4'
5 5'
6 6'
A　　A'

①拼接。
（1至6、1'至6'）

②貼布縫。

③參照配置圖描繪壓線線條。　＊縫份皆為1cm

2.主體後片進行貼布縫‧刺繡。

主體後片

③參照配置圖描繪壓線線條。

①貼布縫。

②刺繡。
輪廓繡
（茶色　3股）

輪廓繡
（茶色　3股）

3.主體布‧鋪棉與裡布疊合後壓線

①留下袋口不縫，
縫合周圍。

主體布（背面）

裡布（正面）

鋪棉

③從袋口翻至正面。

②修剪鋪棉縫份至極限。

④壓線。

主體布（正面）

⑤主體後片也是相同作法。

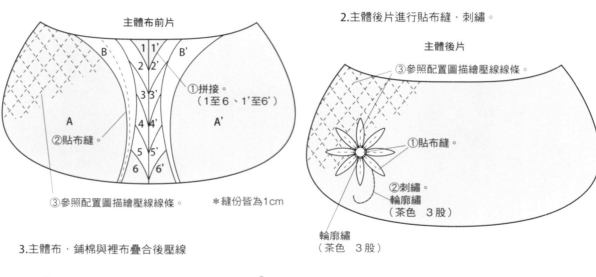

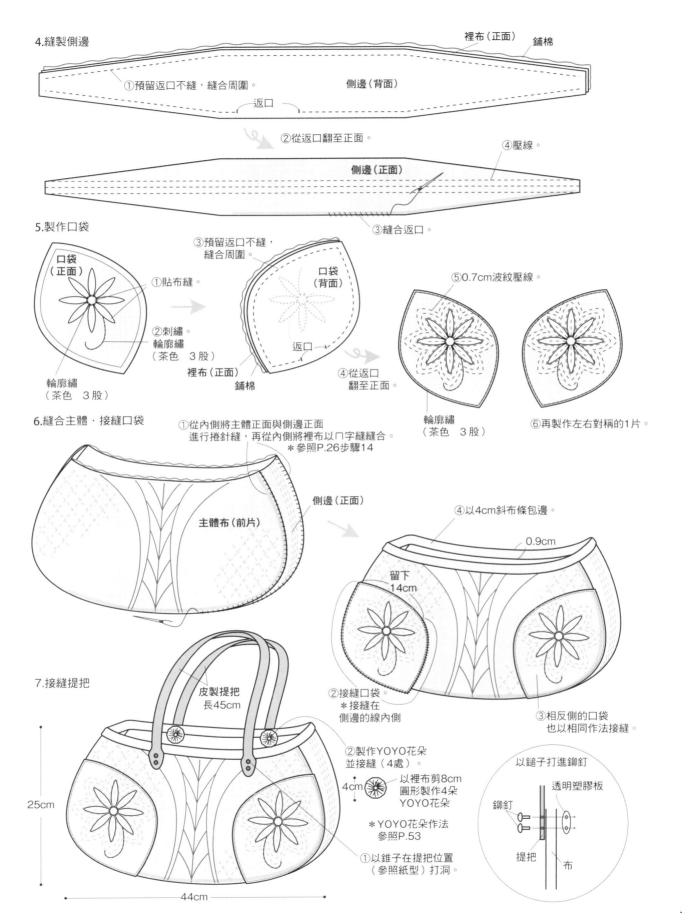

4.縫製側邊

裡布（正面）
鋪棉

①預留返口不縫，縫合周圍。
側邊（背面）
返口

②從返口翻至正面。

④壓線。
側邊（正面）

③縫合返口。

5.製作口袋

口袋（正面）

①貼布縫。

②刺繡。
輪廓繡
（茶色 3股）

輪廓繡
（茶色 3股）

③預留返口不縫，
縫合周圍。

口袋（背面）

返口
裡布（正面）
鋪棉

④從返口
翻至正面。

⑤0.7cm波紋壓線。

輪廓繡
（茶色 3股）

⑥再製作左右對稱的1片。

6.縫合主體‧接縫口袋

①從內側將主體正面與側邊正面
進行捲針縫，再從內側將裡布以冂字縫縫合。
＊參照P.26步驟14

主體布（前片）

側邊（正面）

②接縫口袋
＊接縫在
側邊的線內側

④以4cm斜布條包邊。

0.9cm

留下
14cm

③相反側的口袋
也以相同作法接縫。

7.接縫提把

皮製提把
長45cm

25cm

44cm

②製作YOYO花朵
並接縫（4處）。

4cm 以裡布剪8cm
圓形製作4朵
YOYO花朵

＊YOYO花朵作法
參照P.53

①以錐子在提把位置
（參照紙型）打洞。

以鎚子打進鉚釘

透明塑膠板

鉚釘

提把 布

11 花朵貼布單肩背包

P.11作品　紙型B面

◆材料
主體布A…卡其色織紋布30×25cm
主體布B…卡其色條紋布60×20cm
主體布C…卡其色點點布60×30cm
貼布縫用布…零碼布適量
側邊布…淺茶色織紋布85×15cm
提把布…淺茶色織紋布60×10cm
底布…茶色十字花樣布30×15cm

裡布…草莓花樣印花布85×45cm
鋪棉…85×55cm
拉鍊…28cm卡其色1條
◆完成尺寸　　參照圖示
◆作法
1.主體進行貼布縫。
2.主體布‧鋪棉與裡布疊合後壓線。
3.縫製提把。
4.製作側邊。
5.主體接縫側邊後加上拉鍊。
6.接縫提把。

1.主體進行貼布縫

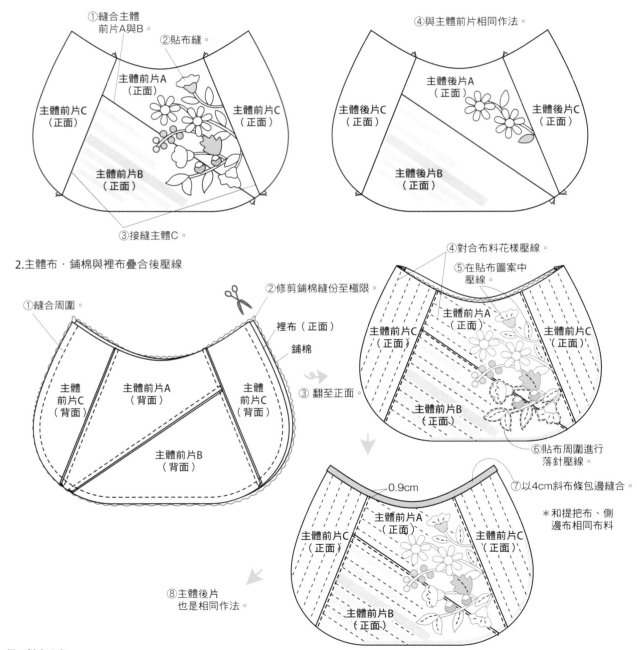

①縫合主體
　前片A與B。
②貼布縫。
主體前片A（正面）
主體前片C（正面）
主體前片C（正面）
主體前片B（正面）
③接縫主體C。

④與主體前片相同作法。
主體後片A（正面）
主體後片C（正面）
主體後片C（正面）
主體後片B（正面）

2.主體布‧鋪棉與裡布疊合後壓線

①縫合周圍。
②修剪鋪棉縫份至極限。
裡布（正面）
鋪棉
③翻至正面。
主體前片C（背面）
主體前片A（背面）
主體前片C（背面）
主體前片B（背面）

④對合布料花樣壓線。
⑤在貼布圖案中壓線。
主體前片A（正面）
主體前片C（正面）
主體前片C（正面）
主體前片B（正面）
⑥貼布周圍進行落針壓線。
⑦以4cm斜布條包邊縫合。
＊和提把布、側邊布相同布料

0.9cm
主體前片A（正面）
主體前片C（正面）
主體前片C（正面）
主體前片B（正面）

⑧主體後片也是相同作法。

3.縫製提把

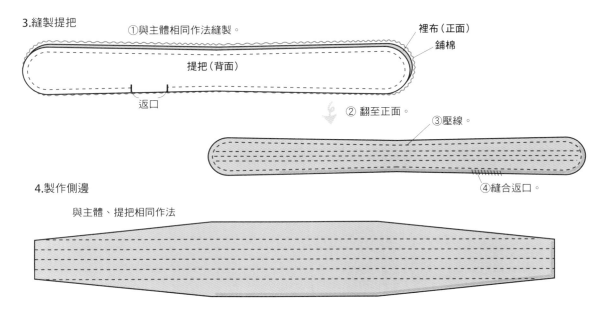

①與主體相同作法縫製。

裡布（正面）
鋪棉
提把（背面）

返口

② 翻至正面。

③壓線。

④縫合返口。

4.製作側邊

與主體、提把相同作法

5.主體接縫側邊後加上拉鍊

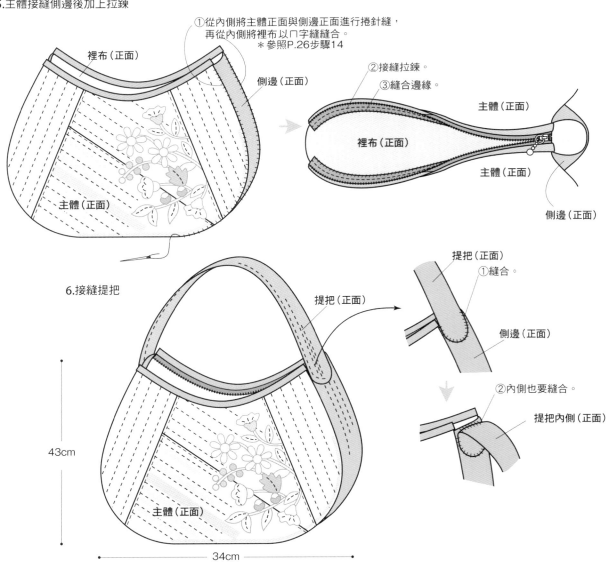

①從內側將主體正面與側邊正面進行捲針縫，
再從內側將裡布以ㄇ字縫縫合。
＊參照P.26步驟14

裡布（正面）

側邊（正面）

②接縫拉鍊。
③縫合邊緣。

主體（正面）

裡布（正面）

主體（正面）

側邊（正面）

主體（正面）

6.接縫提把

提把（正面）

提把（正面）
①縫合。

側邊（正面）

②內側也要縫合。

提把內側（正面）

43cm

主體（正面）

34cm

12 玫瑰提包

◆材料
主體布（拼接用）…零碼布適量
貼布縫用布…零碼布適量
裡布（含吊耳・YOYO花朵）…卡其色印花布
70×40cm
側邊布…格子印花先染布70×10cm
鋪棉…70×40cm
提把…1cm寬皮製提把1組
25號繡線…綠色・紅色各適量
◆完成尺寸　參照圖示

◆作法
1.拼接1至6，縫製主體。
2.主體進行貼布縫・刺繡。
3.主體布・鋪棉與裡布疊合後壓線。
4.縫製側邊。
5.縫合主體與側邊。
6.接縫提把。

1.拼縫1至6，縫製主體

合印

①布料加上合印記號。
②對合記號拼縫（1至6）。

A　1　2　3
主體布（正面）　4
5
6
B

④參照配置圖
描繪壓線線條。

③將A、B作斜紋剪裁
並縫合。

＊縫份皆為1cm

2.主體進行貼布縫・刺繡

①製作花瓣a、b。

花瓣a　剪牙口　花瓣b
（背面）（正面）　（背面）
（正面）

正面相對縫合

②翻至正面。

花瓣a、b
各製作2片

⑤依花瓣a、b
順序接縫。

花瓣b

花瓣a

e　f
d
c　g
h　i　j

③花梗、葉片
作貼布縫。

④繡葉脈。
輪廓繡
（綠色　1股）

⑥依花瓣c至j
順序接縫。

⑦花瓣周圍作刺繡。
輪廓繡
（紅色　3股）

⑧後片的主體布也以相同作法
左右對稱製作。

3.主體布・鋪棉與裡布疊合後壓線

①預留返口不縫，縫合周圍。

②修剪鋪棉縫份至極限。

③翻至正面。

裡布（正面）
鋪棉
本體布（背面）
返口

⑤壓線。

主體布（正面）

葉片、花梗
周圍進行落針壓線

④縫合返口。　⑥後側的主體布相同作法。

4.縫製側邊

裡布（正面）　鋪棉

①預留返口不縫，縫合周圍。　側邊（背面）

返口

②從返口翻至正面。

④壓線。

側邊（正面）

③縫合返口。

5.縫合主體與側邊

止縫點
裡布（正面）
止縫點

主體布（正面）

從內側將主體正面與側邊正面進行捲針縫，
再從內側將裡布以ㄇ字縫縫合。

＊參照P.26步驟14

6.接縫提把

①製作吊耳。

與裡布相同布料
裁剪

4.5cm
4cm

0.5cm

縫合（背面）

翻至正面

車縫

（正面）

相同作法
共作4個

②吊耳對摺，
穿過D圈後接縫

③剪8cm圓形
製作4個YOYO
花朵後接縫。

4cm

＊YOYO花朵
作法參照
P.53

皮製提把
長38.5cm

裡布（正面）

30cm

26.5cm

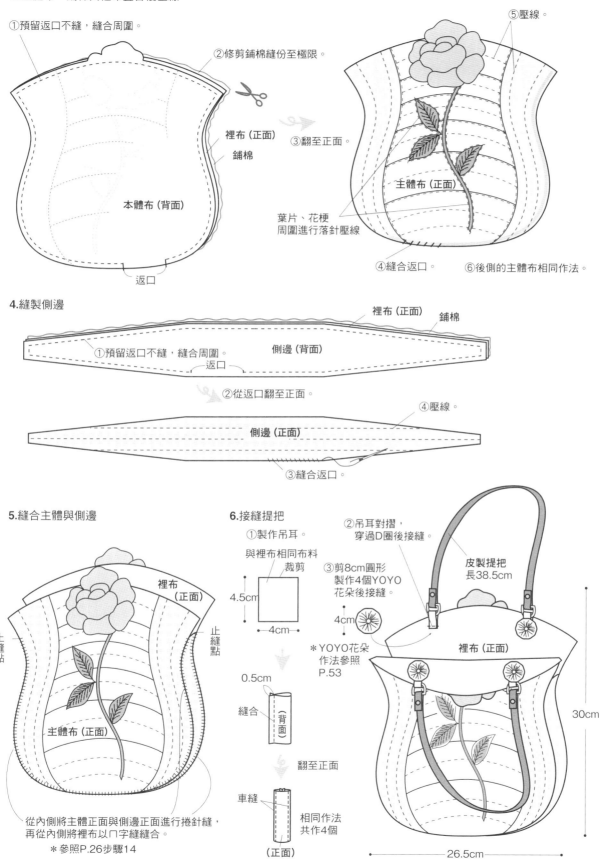

13 藍色花朵包

◆材料

主體布A…水藍色先染布40×30cm
主體布B、C…小花圖案先染布50×30cm
貼布縫用布…藍色零碼布適量
底布…小花圖案印花布20×15cm
裡布…灰色印花布70×50cm
鋪棉…70×50cm
提把…1cm寬皮製提把1組
25號繡線…茶色適量

◆完成尺寸　參照圖示

◆作法

1.拼縫花瓣。
2.製作主體。
3.主體‧鋪棉與裡布疊合後壓線。
4.縫製底部。
5.縫合主體。
6.接縫提把。

1.拼接花瓣

①布料加上合印記號。
②對合記號拼縫。

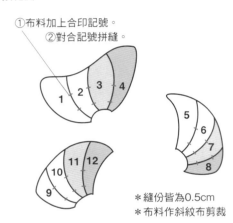

＊縫份皆為0.5cm
＊布料作斜紋布剪裁

2.主體進行貼布縫‧刺繡

①主體布A作斜紋布剪裁。
　＊縫份為1cm

②從正面描線作貼布縫。

③刺繡。
　輪廓繡
　（茶色　3股）

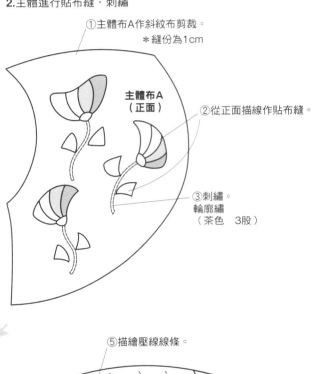

主體布A
（正面）

④縫合。

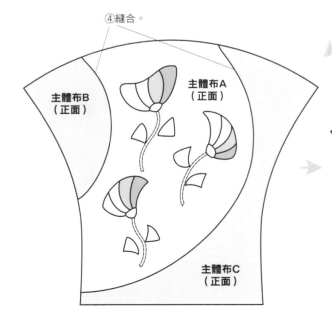

主體布B
（正面）

主體布A
（正面）

主體布C
（正面）

⑤描繪壓線線條。

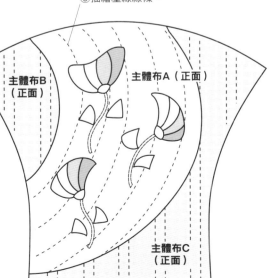

主體布B
（正面）

主體布A（正面）

主體布C
（正面）

3. 主體布‧鋪棉與裡布疊合後壓線

①預留返口不縫,
縫合周圍。

②修剪鋪棉縫份至
極限。

主體布(背面)

裡布
(正面)

鋪棉

③翻至正面。

返口

花瓣、葉片、花梗
周圍進行落針壓線

⑤壓線。

④縫合返口。

⑥後側主體布也是相同作法。

4. 縫製底部

①預留返口不縫,
縫合周圍。

裡布(正面)

鋪棉

底部(背面)

返口

②翻至正面。

④壓線。

底部(正面)

③縫合返口。

5. 縫合主體

主體布(正面)

底部(正面)

從內側將正面與正面進行捲針縫,
再從內側將裡布以ㄇ字縫縫合。
＊參照P.26步驟14

6. 接縫提把

皮製提把
長45cm

①縫合。

②以裡布
作貼布縫。

裡布(正面)

主體布(正面)

底部(正面)

25cm

27cm

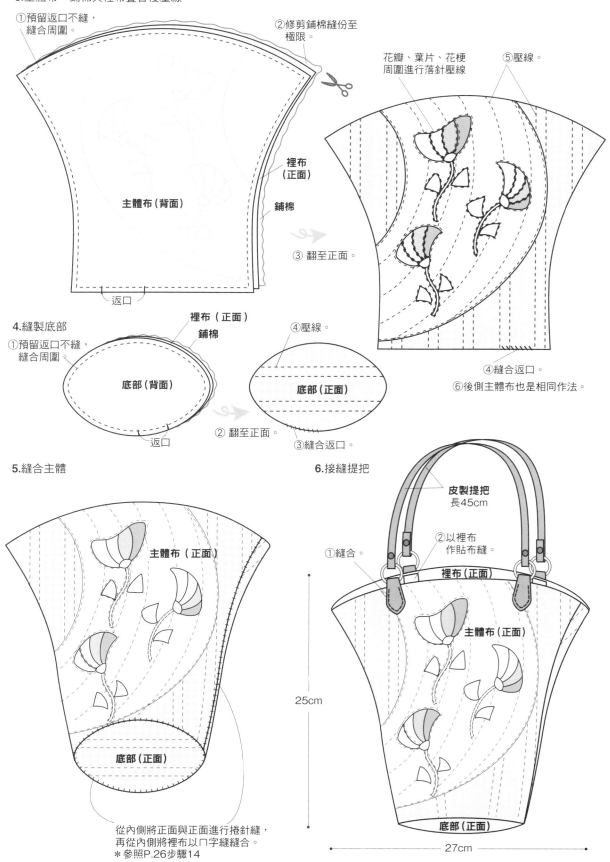

15 春天拼布畫

◆材料
主體布A…米白印花布25×30cm
主體布B…米白印花布30×45cm
主體布C‧D（邊緣布）…米白印花布40×45cm
貼布縫用布…零碼布適量
裡布…奶油色花朵印花布40×45cm
鋪棉…40×45cm
包邊（斜布條）…茶色印花布 4×170cm
25號繡線…灰色‧綠色各適量
◆完成尺寸　參照圖示

◆作法
1.主體布A進行貼布縫和刺繡。
2.縫合主體布B與布C‧D。
3.主體布‧鋪棉與裡布疊合後壓線。
4.包邊，接縫上YOYO花朵。

2.縫合主體布B與C‧D

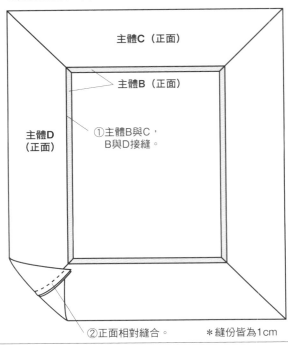

1.主體布A進行貼布縫與刺繡

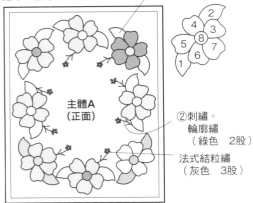

①依1至8的順序貼布縫。

②刺繡。
輪廓繡
（綠色　2股）

法式結粒繡
（灰色　3股）

＊縫份皆為0.7cm

①主體B與C，B與D接縫。

②正面相對縫合。　＊縫份皆為1cm

01.草莓塔針插原寸紙型

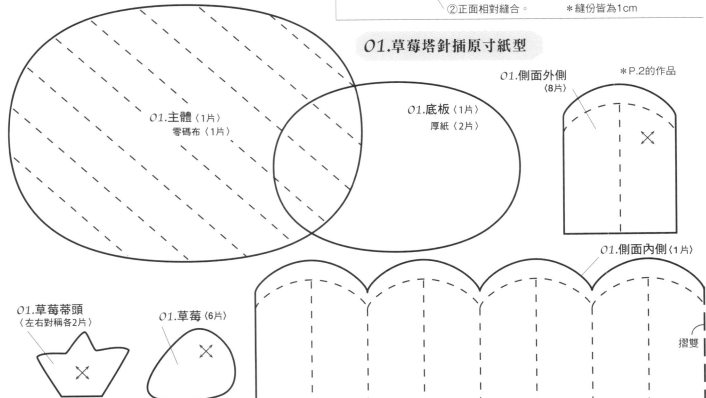

01.主體〈1片〉
零碼布〈1片〉

01.底板〈1片〉
厚紙〈2片〉

01.側面外側
〈8片〉

＊P.2的作品

01.側面內側〈1片〉

摺雙

01.草莓蒂頭
〈左右對稱各2片〉

01.草莓〈6片〉

3.主體布‧鋪棉與裡布疊合後壓線

①鋪棉與裡布對齊。

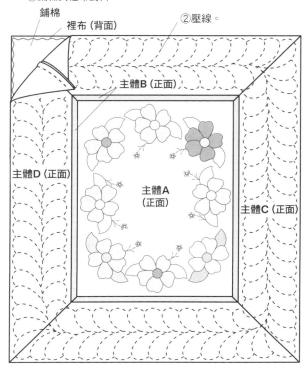

鋪棉
裡布（背面）
②壓線。
主體B（正面）
主體D（正面）
主體A（正面）
主體C（正面）

4.包邊，接縫上YOYO花朵

①製作YOYO花朵後接縫。
　　＊YOYO花朵作法參照下列說明

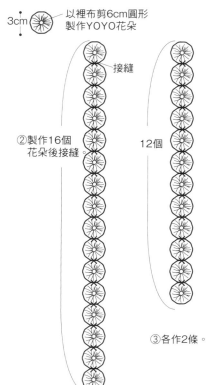

3cm
以裡布剪6cm圓形製作YOYO花朵

接縫

②製作16個花朵後接縫。

12個

③各作2條。

④縫在主體上。

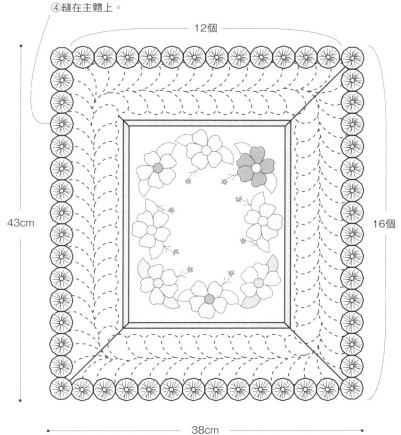

12個

43cm

16個

38cm

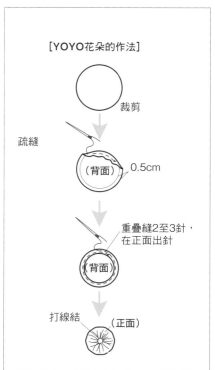

[YOYO花朵的作法]

裁剪

疏縫
（背面）
0.5cm

重疊縫2至3針，在正面出針
（背面）

打線結
（正面）

16 便利波奇包

P.15作品　紙型C面

◆材料
主體布（A）…白色織紋布25×20cm
主體布（A以外）…米白色織紋布50×20cm
內側布（外側）…卡其色印花布50×20cm
貼布縫用布…零碼布適量
側邊布…米白色織紋布45×10cm
裡布（主體布・內側布・側邊布裡布）…
卡其色印花布45×60cm
鋪棉…45×60cm

拉鍊…16cm卡其色1條
固定配件…卡其色2組
25號繡線…綠色適量
拼布縫線…卡其色適量
◆完成尺寸　參照圖示
◆作法
1.製作主體。
2.製作內側面。
3.縫製側邊。
4.內側面接縫側邊。
5.縫合主體即完成。

1.製作主體

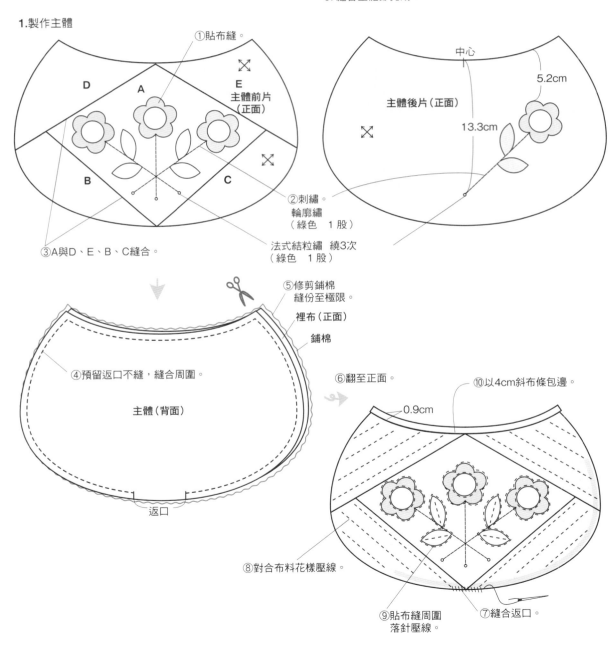

①貼布縫。

D　A　E
主體前片
（正面）

B　C

③A與D、E、B、C縫合。

②刺繡。
輪廓繡
（綠色　1股）

法式結粒繡　繞3次
（綠色　1股）

中心
5.2cm
主體後片（正面）
13.3cm

⑤修剪鋪棉
縫份至極限。
裡布（正面）
鋪棉

④預留返口不縫，縫合周圍。

主體（背面）

返口

⑥翻至正面。

0.9cm

⑩以4cm斜布條包邊。

⑧對合布料花樣壓線。

⑨貼布縫周圍
落針壓線。

⑦縫合返口。

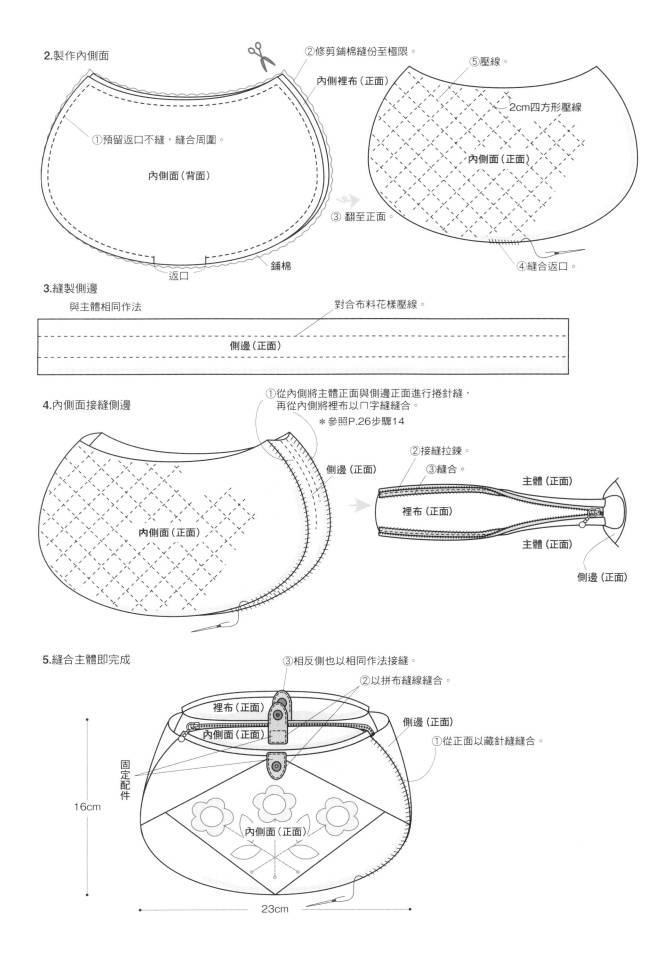

2.製作內側面

②修剪鋪棉縫份至極限。

內側裡布（正面）

①預留返口不縫，縫合周圍。

內側面（背面）

③ 翻至正面。

返口

鋪棉

⑤壓線。

2cm四方形壓線

內側面（正面）

④縫合返口。

3.縫製側邊

與主體相同作法

對合布料花樣壓線。

側邊（正面）

4.內側面接縫側邊

①從內側將主體正面與側邊正面進行捲針縫，
再從內側將裡布以ㄇ字縫縫合。

＊參照P.26步驟14

側邊（正面）

內側面（正面）

②接縫拉鍊。

③縫合。

主體（正面）

裡布（正面）

主體（正面）

側邊（正面）

5.縫合主體即完成

③相反側也以相同作法接縫。

②以拼布縫線縫合。

裡布（正面）

側邊（正面）

內側面（正面）

①從正面以藏針縫縫合。

固定配件

16cm

內側面（正面）

23cm

17 葉子托特包

◆材料
主體布…茶色素面布50×35cm
口袋布…淺茶色素面布30×25cm
貼布縫用布…零碼布適量
側邊布…茶色格紋布100×10cm
裡布…茶色印花布100×70cm
鋪棉…100×70cm
提把…2cm寬皮製提把1組
25號繡線…茶色適量
◆完成尺寸　參照圖示

◆作法
1.製作主體。
2.縫製口袋。
3.縫製側邊。
4.主體與側邊接縫後縫上口袋。
5.接縫提把。

1.製作主體

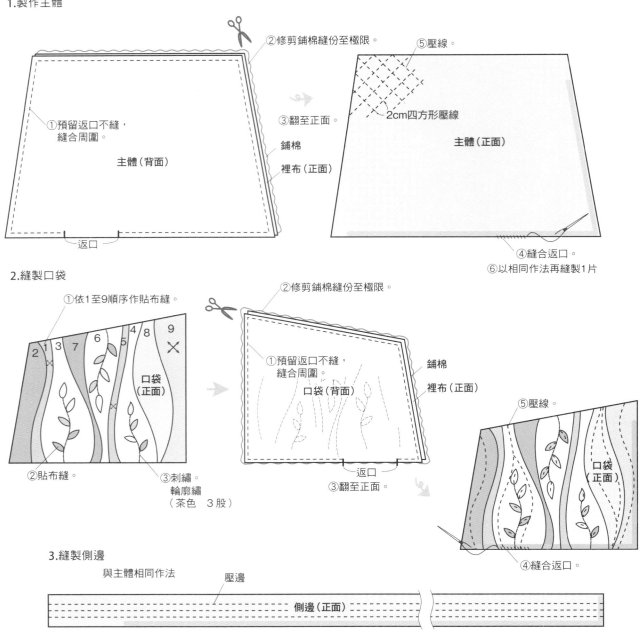

②修剪鋪棉縫份至極限。
①預留返口不縫，
　縫合周圍。
主體（背面）
返口
鋪棉
裡布（正面）
③翻至正面。

⑤壓線。
2cm四方形壓線
主體（正面）
④縫合返口。
⑥以相同作法再縫製1片

2.縫製口袋
①依1至9順序作貼布縫。
②貼布縫。
③刺繡。
輪廓繡
（茶色　3股）

②修剪鋪棉縫份至極限。
①預留返口不縫，
　縫合周圍。
口袋（背面）
鋪棉
裡布（正面）
③翻至正面。
返口

⑤壓線。
口袋（正面）
④縫合返口。

3.縫製側邊
與主體相同作法
壓邊
側邊（正面）

4.主體與側邊接縫後縫上口袋

從內側將主體正面與側邊正面進行捲針縫，
再從內側將裡布以ㄇ字縫縫合
＊參照P.26步驟14

5.接縫提把

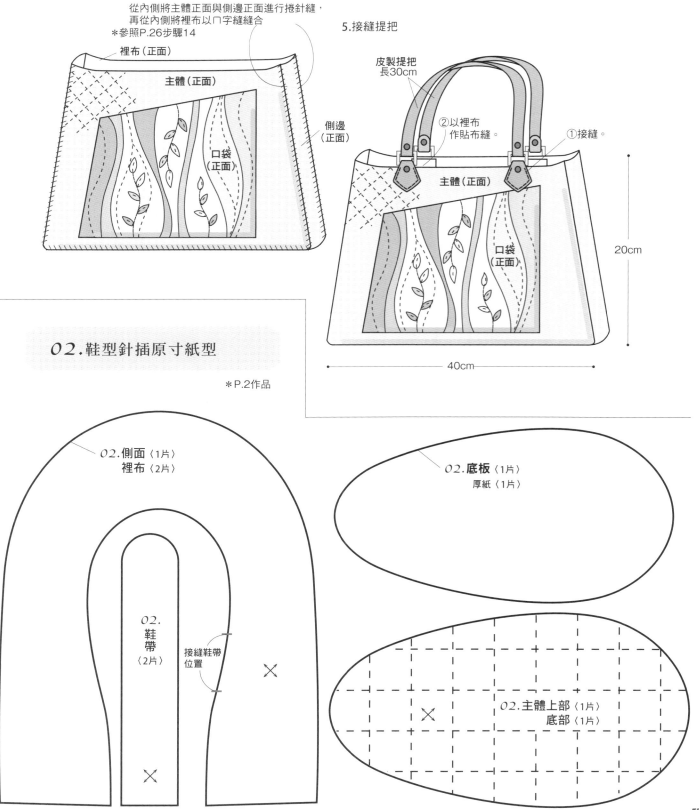

裡布（正面）

主體（正面）

側邊
（正面）

口袋
（正面）

皮製提把
長30cm

②以裡布
作貼布縫。

①接縫。

主體（正面）

口袋
（正面）

20cm

40cm

*02.*鞋型針插原寸紙型

＊P.2作品

*02.*側面〈1片〉
　　裡布〈2片〉

*02.*底板〈1片〉
　　厚紙〈1片〉

02.
鞋
帶
〈2片〉

接縫鞋帶
位置

*02.*主體上部〈1片〉
　　底部〈1片〉

18 優雅花朵提包

P.17作品　紙型C面

◆材料
主體布A…綠色格紋布35×35cm
主體布B…卡其色織紋布65×35cm
貼布縫用布…零碼布適量
吊耳布…格紋印花布15×10cm
裡布…花朵印花布65×70cm
鋪棉…65×70cm

包邊（斜布條）…格紋印花布4.5×60cm
提把…直徑1cm蠟繩提把1組
25號繡線…卡其色適量
◆完成尺寸　參照圖示
◆作法
1.主體布A・B進行貼布縫與刺繡。
2.主體布・鋪棉與裡布疊合後壓線。
3.縫合主體。
4.接縫提把。

1.主體布A・B貼布縫與刺繡

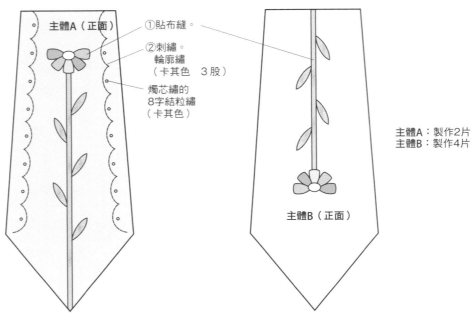

①貼布縫。

②刺繡。
　輪廓繡
　（卡其色　3股）

　燭芯繡的
　8字結粒繡
　（卡其色）

主體A（正面）

主體B（正面）

主體A：製作2片
主體B：製作4片

2.主體布・鋪棉與裡布疊合後壓線

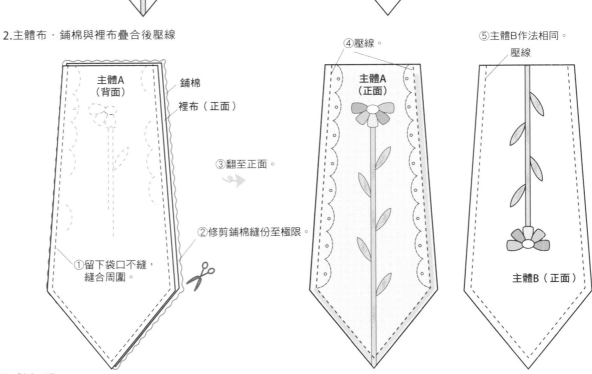

主體A
（背面）

鋪棉

裡布（正面）

③翻至正面。

②修剪鋪棉縫份至極限。

①留下袋口不縫，
　縫合周圍。

④壓線。

主體A
（正面）

⑤主體B作法相同。
壓線

主體B（正面）

3. 縫合主體

①主體內側正面相對進行捲針縫，
再一次從內側將裡布以ㄇ字縫縫合。
＊參考P.26步驟14

主體B
裡布
（正面）

主體A
裡布（正面）

主體B
裡布
（正面）

主體B
（正面）

主體A
（正面）

主體B（正面）

②打褶（4處）

1.8cm

1cm

主體B
裡布
（正面）

主體A
裡布（正面）

主體B
裡布
（正面）

主體A
（正面）

③作斜布條包邊縫合。

主體B
裡布
（正面）

主體A
裡布（正面）

主體B
裡布
（正面）

主體A
（正面）

斜布條

4cm

1cm

主體裡布

4. 接縫提把

②穿過提把後
縫合吊耳。

主體A
裡布（正面）

主體A
（正面）

26cm

30cm

①製作吊耳。

與斜布條相同布料

5.5cm

4.5cm

0.5cm

（背面）

縫合　　返口

翻至正面

（正面）

車縫　相同作法
共作4個

返口

03.主體A〈2片〉

裡布〈2片〉

03.主體B〈2片〉

03.袖子
〈左右對稱各2片〉

止縫

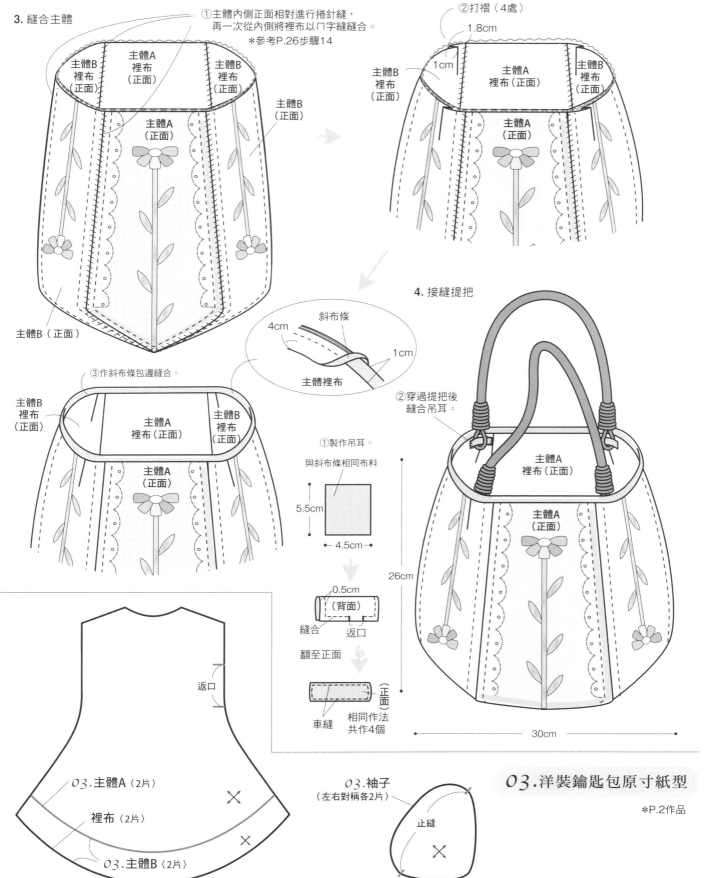

19 美麗印花布包

P.18作品　紙型D面

◆材料
主體布…印花布40×40cm
拼接用布…零碼布適量
側邊布…淺茶色印花布85×36cm
底布…茶色印花布45×55cm
裡布…小花印花布110×80cm
鋪棉…110×80cm
提把…2cm寬皮製提把1組
◆完成尺寸　參照圖示

◆作法
1.拼接1至14，製作主體。
2.主體布‧鋪棉與裡布疊合後壓線。
3.縫製底部。
4.製作側邊，與底部縫合。
5.與主體接縫。
6.接縫提把。

1.拼縫1至14，製作主體

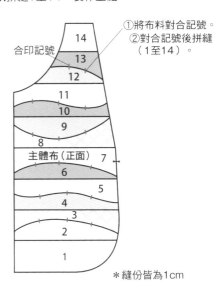

①將布料對合記號。
②對合記號後拼縫
　（1至14）。
合印記號
14
13
12
11
10
9
8
主體布（正面）　7
6
5
4
3
2
1
＊縫份皆為1cm

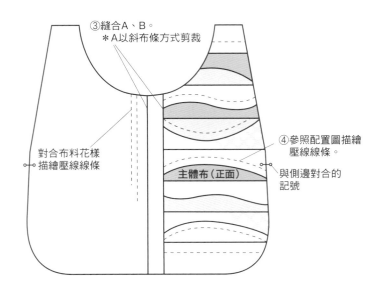

③縫合A、B。
＊A以斜布條方式剪裁
對合布料花樣
描繪壓線線條
主體布（正面）
④參照配置圖描繪
　壓線線條。
與側邊對合的
記號

2.主體布‧鋪棉與裡布疊合後壓線

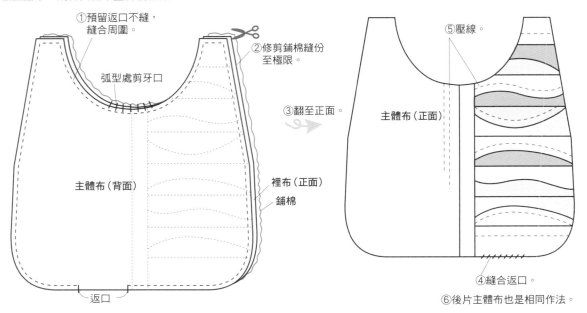

①預留返口不縫，
　縫合周圍。
弧型處剪牙口
主體布（背面）
裡布（正面）
鋪棉
返口

②修剪鋪棉縫份
　至極限。
③翻至正面。

⑤壓線。
主體布（正面）
④縫合返口。
⑥後片主體布也是相同作法。

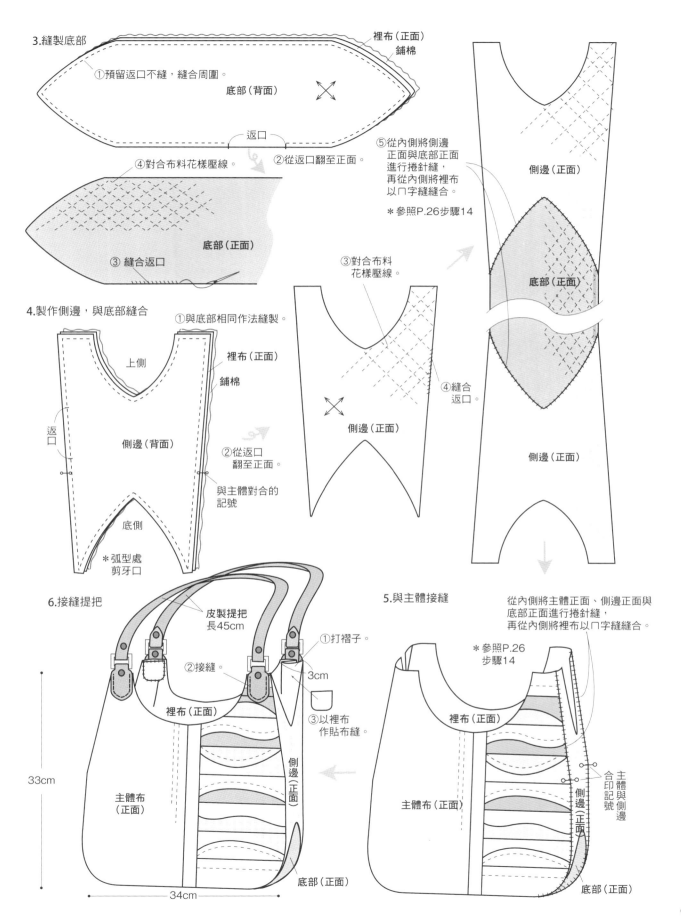

3.縫製底部

裡布（正面）
鋪棉

①預留返口不縫，縫合周圍。

底部（背面）

④對合布料花樣壓線。

返口

②從返口翻至正面。

底部（正面）

③ 縫合返口

⑤從內側將側邊
正面與底部正面
進行捲針縫，
再從內側將裡布
以冂字縫縫合。

＊參照P.26步驟14

側邊（正面）

底部（正面）

4.製作側邊，與底部縫合

①與底部相同作法縫製。

上側

裡布（正面）

鋪棉

返口

側邊（背面）

②從返口
翻至正面。

與主體對合的
記號

底側

＊弧型處
剪牙口

③對合布料
花樣壓線。

側邊（正面）

④縫合
返口。

側邊（正面）

6.接縫提把

皮製提把
長45cm

①打褶子。

②接縫。

裡布（正面）

3cm

③以裡布
作貼布縫。

側邊（正面）

33cm

主體布
（正面）

底部（正面）

34cm

5.與主體接縫

從內側將主體正面、側邊正面與
底部正面進行捲針縫，
再從內側將裡布以冂字縫縫合。

＊參照P.26
步驟14

裡布（正面）

主體布（正面）

側邊（正面）

合印記號

主體與側邊

底部（正面）

20 房子化妝包

P.19作品　紙型D面

◆材料
主體布A（含吊耳用布）…淺茶色先染布40×10cm
主體布B…茶色條紋先染布40×10cm
貼布縫用布…零碼布適量
側邊布…茶色先染布50×15cm
裡布…卡其色印花布75×50cm
包邊（斜布條）…卡其色印花布 4×70cm
鋪棉…75×50cm
拉鍊…20cm茶色1條
25號繡線…各色適量
◆完成尺寸　參照圖示

◆作法
1.接縫主體布A．B，進行貼布縫與刺繡。
2.主體布．鋪棉與裡布疊合後壓線。
3.製作煙囪與吊耳。
4.縫製側邊。
5.縫合上下側邊。
6.縫合主體與側邊。

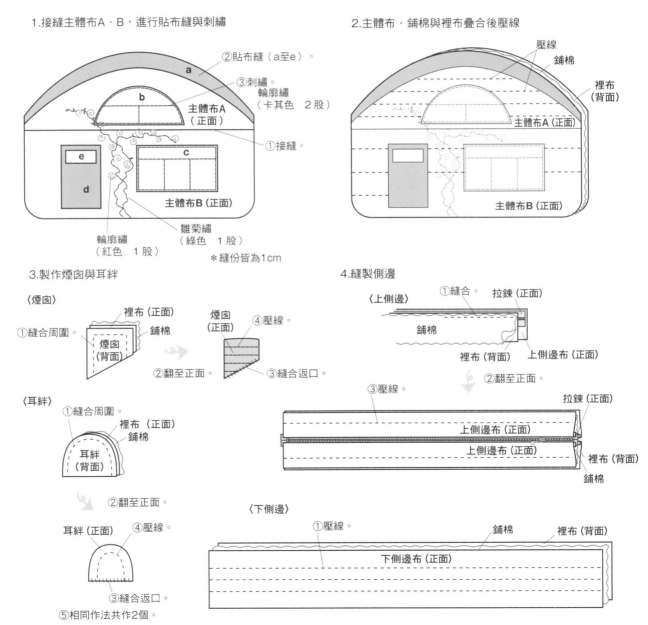

1.接縫主體布A．B，進行貼布縫與刺繡

②貼布縫（a至e）。
a
③刺繡。
輪廓繡
（卡其色　2股）
b
主體布A
（正面）
①接縫。
e
c
d
主體布B（正面）
輪廓繡
（紅色　1股）
雛菊繡
（綠色　1股）
＊縫份皆為1cm

2.主體布．鋪棉與裡布疊合後壓線

壓線
鋪棉
裡布
（背面）
主體布A（正面）
主體布B（正面）

3.製作煙囪與耳絆

〈煙囪〉
裡布（正面）
①縫合周圍。
鋪棉
煙囪
（背面）
②翻至正面。
煙囪
（正面）
④壓線。
③縫合返口。

〈耳絆〉
①縫合周圍。
裡布（正面）
鋪棉
耳絆
（背面）
②翻至正面。
耳絆（正面）
④壓線。
③縫合返口。
⑤相同作法共作2個。

4.縫製側邊

〈上側邊〉
①縫合。
拉鍊（正面）
鋪棉
裡布（背面）
上側邊布（正面）
②翻至正面。
③壓線。
拉鍊（正面）
上側邊布（正面）
上側邊布（正面）
裡布（背面）
鋪棉

〈下側邊〉
①壓線。
鋪棉
裡布（背面）
下側邊布（正面）

5.縫合上下側邊

②對合後縫合上側邊、耳絆、下側邊。

上側身裡布

耳絆

耳絆

下側身布

③以裡布相同布料製作4cm寬的斜布條。

4cm

上側邊裡布

④上側邊與下側邊對齊縫合，縫份往單邊倒。

下側邊裡布

⑤以斜布條包邊縫合。

1cm

斜布條

⑥再一次朝下倒並縫合。

6.縫合主體與側邊

②和步驟5.的③製作相同斜布條後包邊縫合。

4cm   斜布條

1cm

主體裡布

①將煙囪夾進主體正面側與上側邊之間。

主體裡布

下側邊裡布

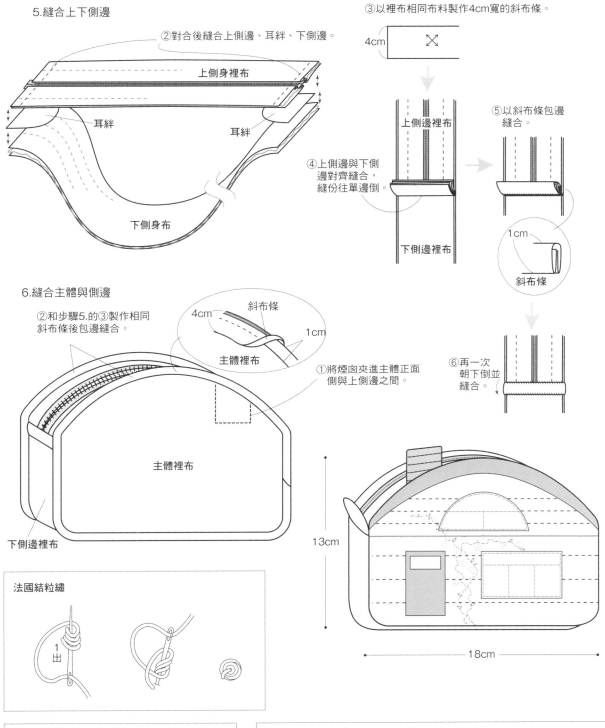

13cm

18cm

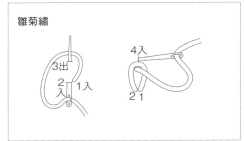

法國結粒繡

1
出

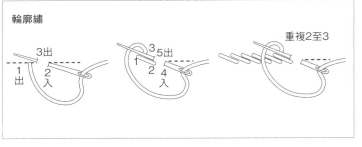

雛菊繡

3出
2入 1入
2 1
4入

輪廓繡

3出
1出 2入
3 5出
1 2 4入

重複2至3

21 德勒斯登圓舞曲化妝包

P.19作品　紙型D面

◆**材料**
主體布A（含吊耳用布）…淺茶色織紋布40×20cm
主體布B…淺茶色織紋布20×20cm
貼布縫用布…零碼布適量
側邊布…淺茶色格紋布25×15cm
裡布…卡其色印花布20×60cm
包邊（斜布條）…卡其色印花布 4×100cm
鋪棉…20×60cm
拉鍊…20cm卡其色1條
◆**完成尺寸**　參照圖示

◆**作法**
1.製作主體A。
2.製作主體B。
3.製作側邊吊耳。
4.縫製側邊，對齊後，縫合上下側邊。
5.縫合主體與側邊。

1.製作主體A

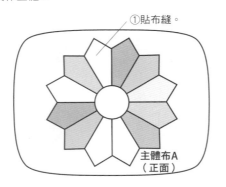

①貼布縫。

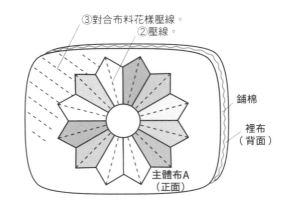

③對合布料花樣壓線。
②壓線。
鋪棉
裡布
（背面）
主體布A
（正面）

2.製作主體B

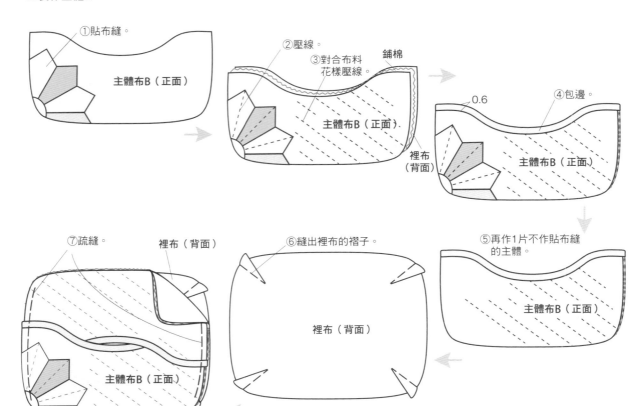

①貼布縫。
主體布B（正面）

②壓線。
③對合布料花樣壓線。
鋪棉
主體布B（正面）
裡布
（背面）

0.6
④包邊。
主體布B（正面）

⑤再作1片不作貼布縫的主體。
主體布B（正面）

⑥縫出裡布的褶子。
裡布（背面）

⑦疏縫。
裡布（背面）
主體布B（正面）

3.製作側邊吊耳

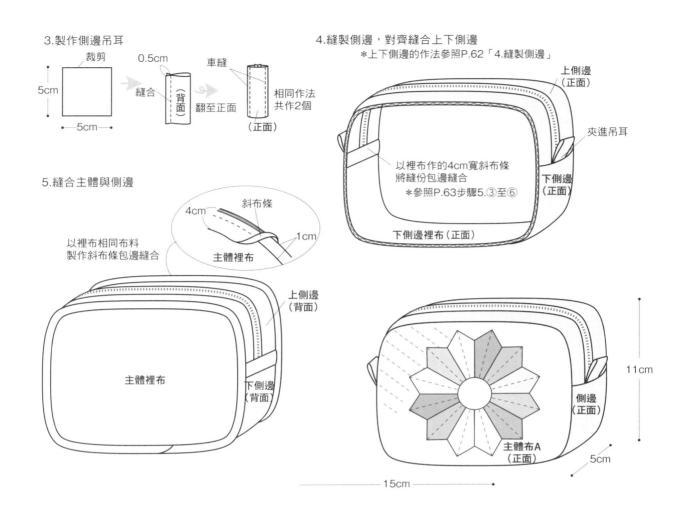

裁剪

5cm

5cm

0.5cm

縫合 （背面）

翻至正面

車縫

相同作法
共作2個

（正面）

4.縫製側邊，對齊縫合上下側邊
*上下側邊的作法參照P.62「4.縫製側邊」

上側邊
（正面）

夾進吊耳

以裡布作的4cm寬斜布條
將縫份包邊縫合
*參照P.63步驟5.③至⑥

下側邊
（正面）

下側邊裡布（正面）

5.縫合主體與側邊

以裡布相同布料
製作斜布條包邊縫合

4cm

斜布條

1cm

主體裡布

主體裡布

上側邊
（背面）

下側邊
（背面）

11cm

側邊
（正面）

主體布A
（正面）

5cm

15cm

22.野玫瑰杯墊原寸紙型

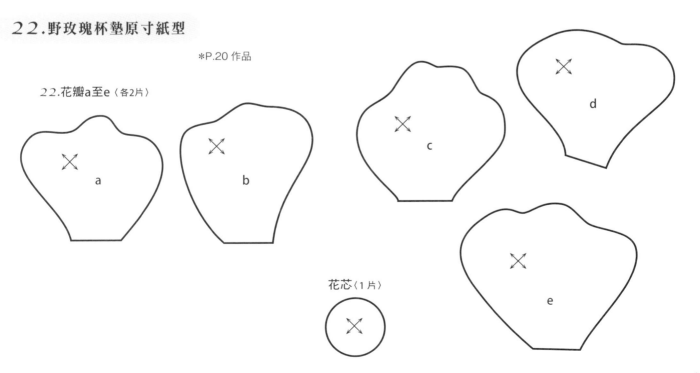

*P.20 作品

22.花瓣a至e〈各2片〉

a

b

c

d

e

花芯〈1片〉

22 野玫瑰杯墊

P.20作品　紙型D面・P.65

◆材料
主體布A…綠色織紋布15×20cm
主體布B…綠色印花布10×20cm
貼布縫用布…零碼布適量
裡布…綠色織紋布15×20cm
單膠鋪棉…15×20cm
25號繡線…各色適量
◆完成尺寸　參照圖示

◆作法
1.主體進行貼布縫。
2.縫製花瓣。
3.在主體上接縫花朵・刺繡。

1.主體進行貼布縫

②貼布縫。
①拼接。
主體（正面）

④修剪鋪棉縫份至極限。
裡布（正面）
單膠鋪棉
主體（背面）
③預留返口
不縫，縫合
周圍。
返口

⑦壓線。
本體（正面）
⑤翻至正面。
⑥縫合返口。

2.縫製花瓣

②剪牙口。
①縫合
花瓣a（背面）
③翻至正面。
花瓣a（正面）
④相同作法製作其他花瓣。

3.在主體上接縫花朵・刺繡

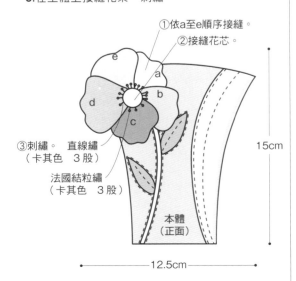

①依a至e順序接縫。
②接縫花芯。
e
a
b
d
c
③刺繡。直線繡
（卡其色　3股）
法國結粒繡
（卡其色　3股）
本體（正面）
15cm
12.5cm

＊接續P.67

4.接縫提把

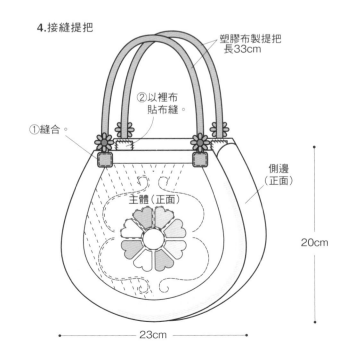

塑膠布製提把
長33cm
②以裡布
貼布縫。
①縫合。
主體（正面）
側邊（正面）
20cm
23cm

23 可愛風迷你提包

◆材料
主體布A…淺茶色暈染布55×30cm
主體布B…卡其色織紋布40×20cm
貼布縫用布…零碼布適量
側邊布…淺茶色織紋布60×10cm
裡布…藍灰色印花布60×55cm

鋪棉…60×55cm
提把…花朵造型1cm寬塑膠布製提把1組
25號繡線…各色適量

◆完成尺寸　參照圖示
◆作法
1.製作主體。
2.縫製側邊。
3.縫合主體與側邊。
4.接縫提把。

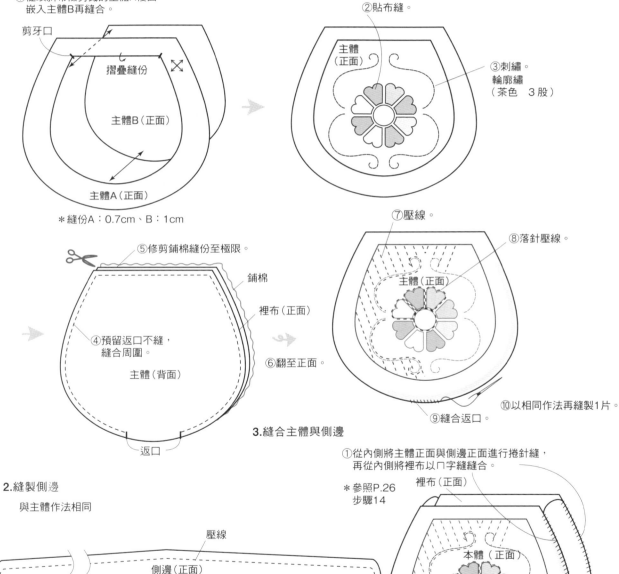

1.製作主體

①從以斜布條剪裁的主體A後面
嵌入主體B再縫合。

剪牙口
摺疊縫份
主體B（正面）
主體A（正面）

＊縫份A：0.7cm、B：1cm

②貼布縫。
主體（正面）
③刺繡。
輪廓繡
（茶色 3股）

⑤修剪鋪棉縫份至極限。
鋪棉
裡布（正面）
④預留返口不縫，
縫合周圍。
主體（背面）
⑥翻至正面。
返口

⑦壓線。
⑧落針壓線。
主體（正面）
⑩以相同作法再縫製1片。
⑨縫合返口。

2.縫製側邊
與主體作法相同

壓線
側邊（正面）

3.縫合主體與側邊

①從內側將主體正面與側邊正面進行捲針縫，
再從內側將裡布以冂字縫縫合。

＊參照P.26
步驟14

裡布（正面）
本體（正面）
側邊（正面）

＊作法接續於P.66

24 草莓裁縫包

P.22作品　紙型D面

◆材料

主體布前片A…卡其色格紋布20×10cm
主體布前片B・後片…茶色格紋布35×20cm
主體布內側…奶油色印花布35×20cm
口袋布…卡其色印花布40×15cm
針插用布…零碼布適量
裡布…米白色印花布60×20cm
鋪棉…65×20cm
拉鍊…10cm・16cm茶色各1條
蠟繩…茶色15cm
波浪織帶…卡其色40cm
磁釦…古典金1組
鈕釦・配件・填充棉…各適量
25號繡線…各色適量
◆完成尺寸　參照圖示

◆作法

1.製作草莓・心形針插。
2.製作主體外側。
3.縫製口袋。
4.縫合主體。

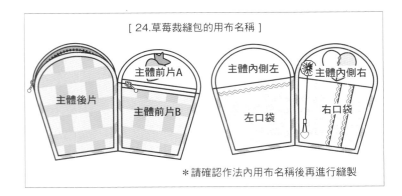

[24.草莓裁縫包的用布名稱]

主體後片　主體前片A　主體前片B　主體內側左　左口袋　主體內側右　右口袋

＊請確認作法內用布名稱後再進行縫製

1.製作草莓.心形針插

〈草莓〉

①正面相對縫合。
草莓蒂頭（正面）
草莓蒂頭（背面）
②翻至正面。

③塞進填充棉。
④平針縫。
厚紙
草莓（背面）
填充棉

⑤拉緊縫線。
厚紙

2.製作主體外側

①縫上草莓針插。
②接縫鈕釦、配件。
③刺繡。輪廓繡（綠色　3股）
主體前片A（正面）
④以裡布剪4cm圓形製作YOYO花朵並接縫。
＊YOYO作法參照P.53

〈心形〉
①縫合。
心形針插（背面）　心形針插（背面）

②塞進填充棉。
③平針縫並拉緊縫線。
厚紙
（背面）
填充棉

④縫上鈕釦。
心形針插（正面）

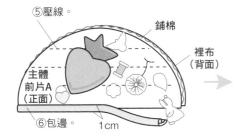

⑤壓線。
鋪棉
裡布（背面）
主體前片A（正面）
⑥包邊。
1cm

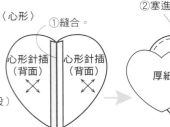

⑦主體前片B也是相同作法。
1cm
包邊
主體前片B（正面）
裡布（背面）
壓線
鋪棉

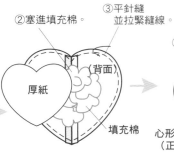
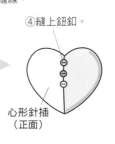

⑧接縫拉鍊。
裡布（正面）
縫合　縫合邊緣
拉鍊（背面）
裡布（正面）

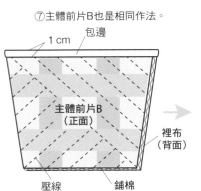
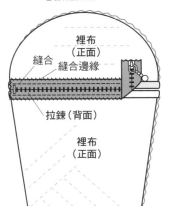

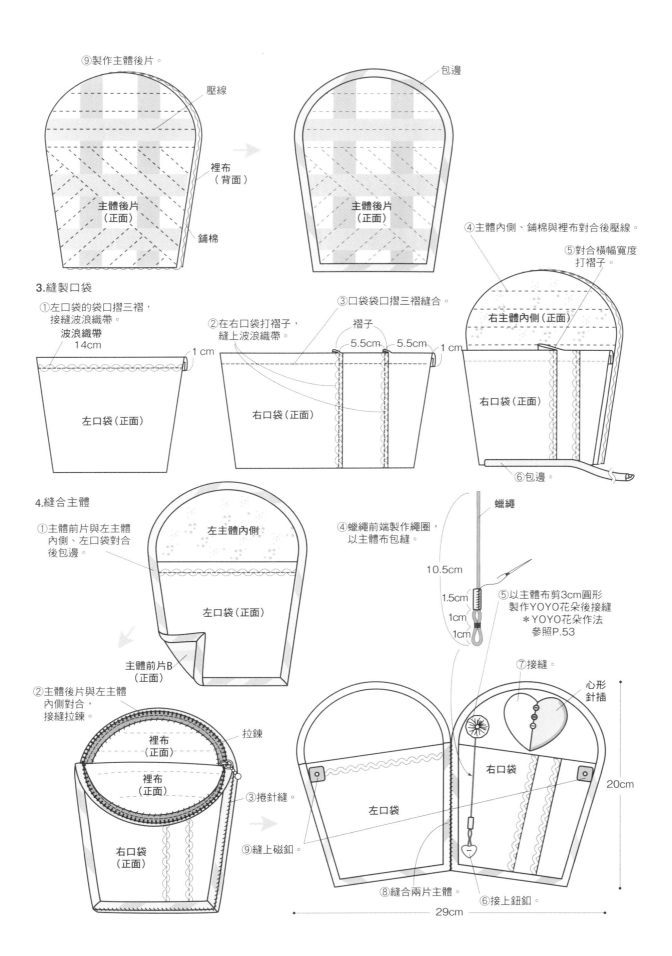

⑨製作主體後片。

壓線

裡布
（背面）

鋪棉

主體後片
（正面）

包邊

主體後片
（正面）

④主體內側、鋪棉與裡布對合後壓線。

⑤對合橫幅寬度
打褶子。

右主體內側（正面）

右口袋（正面）

⑥包邊。

3.縫製口袋

①左口袋的袋口摺三褶，
接縫波浪織帶。

波浪織帶
14cm

1cm

左口袋（正面）

②在右口袋打褶子，
縫上波浪織帶。

③口袋袋口摺三褶縫合。

褶子
5.5cm　5.5cm

1cm

右口袋（正面）

4.縫合主體

①主體前片與左主體
內側、左口袋對合
後包邊。

左主體內側

左口袋（正面）

主體前片B
（正面）

②主體後片與左主體
內側對合，
接縫拉鍊。

裡布
（正面）

拉鍊

裡布
（正面）

③捲針縫。

右口袋
（正面）

⑨縫上磁釦。

④蠟繩前端製作繩圈，
以主體布包縫。

蠟繩

10.5cm

1.5cm
1cm
1cm

⑤以主體布剪3cm圓形
製作YOYO花朵後接縫
＊YOYO花朵作法
參照P.53

⑦接縫。

心形
針插

右口袋

左口袋

20cm

⑧縫合兩片主體。

⑥接上鈕釦。

29cm

25 聖誕節蠟燭拼布畫

P.23作品　紙型D面

◆材料
主體布A…花朵圖案印花布16×32cm
主體布B・C（邊緣布）…茶色印花布40×50cm
貼布縫用布…零碼布適量
裡布…粉紅色印花布35×50cm
鋪棉…35×50cm
包邊（斜布條）…茶色印花布 4×75cm
25號繡線…各色適量
◆完成尺寸　參照圖示

◆作法
1.主體布A進行貼布縫・刺繡。
2.縫合主體布B與C。
3.縫合主體布A與主體布B・C，對合裡布後壓線。
4.以邊緣布相同布料包邊。

1.主體布 A 進行貼布縫・刺繡

①從下層開始進行貼布縫。

主體A（正面）

④刺繡。
　輪廓繡
　（茶色　1股）

輪廓繡
（卡其色　1股）

貼布縫

輪廓繡
（綠色　3股）

輪廓繡
（綠色　1股）

②依1至10順序
　貼布縫。

貼布縫

輪廓繡
（綠色　1股）

輪廓繡
（綠色　2股）

輪廓繡
（淺綠色　3股）

30cm

③依A至G順序貼布縫。

輪廓繡
（茶色　3股）

14cm

＊使用冷凍紙時縫份為0.3至0.4cm
　其餘皆為1cm

＊使用冷凍紙製作貼布縫的作法參照P.27的步驟

2.縫合主體布B與C

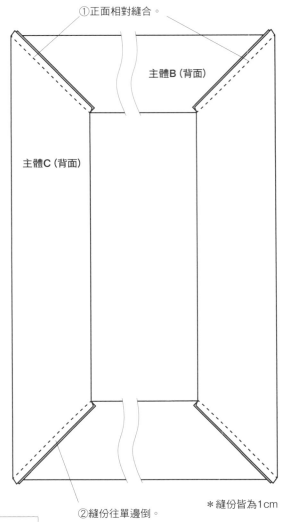

①正面相對縫合。

主體B（背面）

主體C（背面）

②縫份往單邊倒。

＊縫份皆為1cm

接合斜布條作法

0.5

①正面相對縫合。

（正面）　（背面）

②攤開縫份。

③剪掉。

（背面）

剪掉

3.縫合主體布A與主體布B・C，對合裡布後壓線

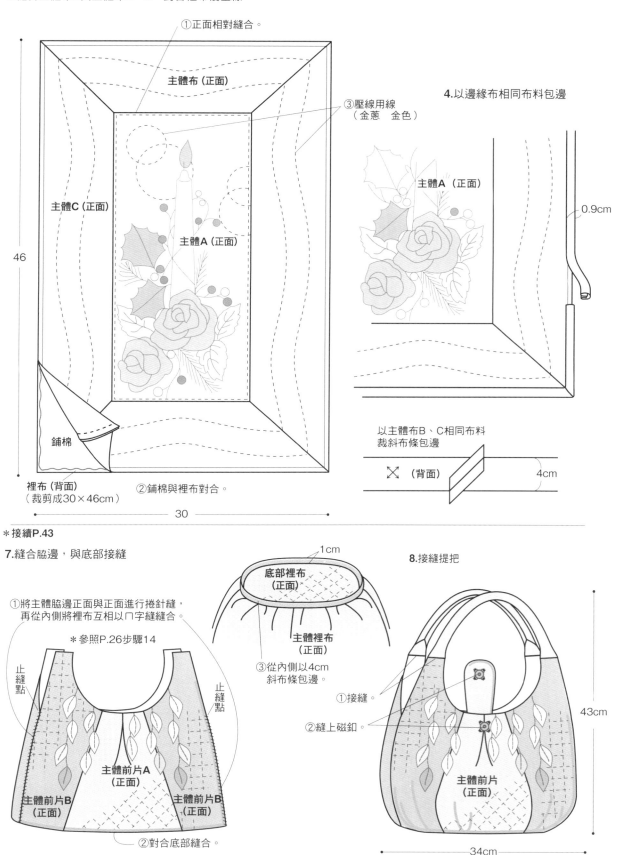

①正面相對縫合。

主體布（正面）

③壓線用線
（金蔥　金色）

4.以邊緣布相同布料包邊

主體A（正面）

0.9cm

主體C（正面）

主體A（正面）

46

以主體布B、C相同布料
裁斜布條包邊

鋪棉

✕　（背面）

4cm

裡布（背面）
（裁剪成30×46cm）

②鋪棉與裡布對合。

30

＊接續P.43

7.縫合脇邊，與底部接縫

1cm

底部裡布
（正面）

8.接縫提把

①將主體脇邊正面與正面進行捲針縫，
再從內側將裡布互相以ㄇ字縫縫合。

＊參照P.26步驟14

止縫點

止縫點

主體裡布
（正面）

③從內側以4cm
斜布條包邊。

①接縫。

主體前片A
（正面）

②縫上磁釦。

43cm

主體前片B
（正面）

主體前片B
（正面）

主體前片
（正面）

②對合底部縫合。

34cm

後記

　　我所成立的拼布商店「BUPI俱樂部」營運至今已有17年之久。剛開張時，中學時的友人來電祝賀，在電話中對我說：「你實現夢想了呢！」雖然我已經忘得一乾二淨，原來在中學畢業紀念冊的「20年後的我」中，我曾寫下「要開家手作店」這個願望。

　　當然，我並不是一直朝著實現夢想努力。在生長女時，曾大病一場後又重生的我，變得更加想要珍惜每一天……想給孩子們留下些什麼，因為與拼布相遇而被很棒的伙伴、學生們圍繞，滿懷著對不同人們的感謝，每天以針線創作著。

　　不知何時，想出版一本拼布書的夢想漸漸萌發，這次，孩子們推了我一把。
　　愉快的事情、痛苦的事情，將它全部縫進拼布來鼓勵自己，能和學生們一起將怎樣的夢想寄託在拼布上呢？如果能以興奮不已的心情持續創作，那就太好了！

　　再次感謝日本VOGUE社協助出版。

秋田景子

Profile
拼布經歷25年
公益財團法人日本手藝普及協會拼布指導員
公益財團法人日本手藝普及協會機縫拼布指導員
「BUPI俱樂部」School・Shop主辦人
在縣內多處舉辦拼布教室
比賽獲獎經歷眾多

BUPI 俱樂部
網址
http://www.bupi-k.com/

協力製作
石岡睦子　岡田康子　成田弘子
天內雅子　岩川礼子

拼布美學 PATCHWORK 17

秋田景子の優雅拼布BAG
花草素材×幾何圖形‧２５款幸福感拼接布包

國家圖書館出版品預行編目(CIP)資料

秋田景子の優雅拼布 BAG：花草素材 x 幾何圖形 .25 款幸福感
拼接布包 / 秋田景子著；莊琇雲譯 . -- 初版 . -- 新北市：雅書堂
文化 , 2014.03
　　面；　公分 . -- (Patchwork 拼布美學；17)
ISBN 978-986-302-166-7(平裝)
1. 拼布藝術 2. 縫紉 3. 手提袋
426.7　　　103002111

作　　　者／秋田景子
譯　　　者／莊琇雲
發　行　人／詹慶和
總　編　輯／蔡麗玲
執行編輯／黃璟安
編　　　輯／林昱彤‧蔡毓玲‧詹凱雲‧劉蕙寧‧陳姿伶
特約編輯／張容慈
封面設計／周盈汝
美術設計／陳麗娜‧李盈儀
內頁排版／造極
出　版　者／雅書堂文化事業有限公司
發　行　者／雅書堂文化事業有限公司
郵政劃撥帳號／18225950
戶　　　名／雅書堂文化事業有限公司
地　　　址／新北市板橋區板新路206號3樓
電　　　話／(02)8952-4078
傳　　　真／(02)8952-4084
網　　　址／www.elegantbooks.com.tw
電子信箱／elegant.books@msa.hinet.net

2014年3月初版一刷　定價 420 元

AKITA KEIKO NO PATCHWORK BAG SUTEKINI TSUKUTTENE
Copyright© Keiko Akita 2012
All rights reserved.
Photographer:Noriaki Moriya.
Original Japanese edition published in Japan by Nihon Vogue Co., Ltd.
Traditional Chinese translation rights arranged with Nihon Vogue Co., Ltd.
through Keio Cultural Enterprise Co., Ltd.
Traditional Chinese edition copyright © 2014 by Elegant Books Cultural
Enterprise Co., Ltd.

總經銷／朝日文化事業有限公司
進退貨地址／新北市中和區橋安街15巷1號7樓
電話／（02）2249-7714
傳真／（02）2249-8715
星馬地區總代理：諾文文化事業私人有限公司
新加坡／Novum Organum Publishing House (Pte) Ltd.
20 Old Toh Tuck Road, Singapore 597655.
TEL： 65-6462-6141　　FAX：65-6469-4043
馬來西亞／Novum Organum Publishing House (M) Sdn. Bhd.
No. 8,　Jalan 7/118B,　Desa Tun Razak, 56000 Kuala Lumpur, Malaysia
TEL：603-9179-6333　　FAX：603-9179-6060

拼布美學 PATCHWORK

Patchwork・拼布美學01
齊藤謠子の
提籃圖案創作集（精裝）
作者：齊藤謠子
定價：550元
19×26cm・123頁・彩色＋單色

Patchwork・拼布美學02
齊藤謠子の
不藏私拼布入門課
作者：齊藤謠子
定價：450元
21×26cm・95頁・彩色＋單色

Patchwork・拼布美學03
齊藤謠子的不藏私拼布課
lessons 2
作者：齊藤謠子
定價：450元
21×26 cm・96頁・全彩

Patchwork・拼布美學04
從基礎學起！
齊藤謠子的不藏私拼布課
作者：齊藤謠子
定價：450元
21×26cm・95頁・全彩

Patchwork・拼布美學05
齊藤謠子的不藏私拼布課
Lessons 3
作者：齊藤謠子
定價：450元
21×26cm・99頁・單色＋彩色

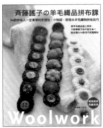

Patchwork・拼布美學06
齊藤謠子の
羊毛織品拼布課
作者：齊藤謠子
定價：450元
21×26cm・96頁・單色＋彩色

Patchwork・拼布美學07
中島凱西の閃亮亮
夏威夷風拼布創作集
作者：中島凱西
定價：480元
21×26cm・112頁・單色＋彩色

Patchwork・拼布美學08
齊藤謠子の異國風拼布包
作者：齊藤謠子
定價：480元
21×26cm・112頁・單色＋彩色

Patchwork・拼布美學09
無框・不設限：突破傳統
拼布圖形的29堂拼布課
作者：齊藤謠子
定價：480元
19×26cm・112頁・單色＋彩色

Patchwork・拼布美學10
齊藤謠子的拼布花束創作集
作者：齊藤謠子
定價：580元
21×26cm・112頁・單色＋彩色

Patchwork・拼布美學11
復刻╳手感
愛上棉質印花古布
作者：齊藤謠子
定價：480元
19×26cm・112頁・單色＋彩色

Patchwork・拼布美學12
齊藤謠子的好生活拼布集
作者：齊藤謠子
定價：380元
21x26cm・96頁・彩色＋單色

Patchwork・拼布美學13
柴田明美的
微幸福可愛布作
作者：柴田明美
定價：380元
21x26cm・104頁・彩色＋單色

Patchwork・拼布美學14
齊藤謠子的拼布：
專屬・我的職人風手提包
作者：齊藤謠子
定價：480元
19x26cm・104頁・彩色＋單色

Patchwork・拼布美學15
齊藤謠子的北歐風拼布包
作者：齊藤謠子
定價：480元
21x26cm・80頁・彩色＋單色

Patchwork・拼布美學16
齊藤謠子の拼布
晉級の手縫
作者：齊藤謠子
定價：480元
21x26cm・96頁・彩色＋單色

Patchwork・拼布美學17
秋田景子の優雅拼布BAG：
花草素材╳幾何圖形・
25款幸福感拼接布包
作者：秋田景子
定價：420元
21x26cm・72頁・彩色＋單色

拼布人必備的
大師級拼布經典

本圖片摘自《齊藤謠子の北歐風拼布包》

拼布garden 01
愛不釋手先染拼布包
作者：蔣絜安
定價：480元
19×24cm·160頁·彩色+單色

拼布garden 02
Kat's美式復刻版拼布集
作者：魏家珍
定價：480元
19×24cm·160頁·彩色+單色

拼布garden 03
漫步花園先染拼布包
作者：林蔚蓉
定價：480元
19×24cm·144頁·彩色

拼布garden 04
玫瑰蕾絲拼布包創作集
作者：辜瓊玉
定價：450元
19×24cm·136頁·彩色+單色

拼布garden 05
達人流·異材質
多工機縫時尚手作包
作者：辜瓊玉
定價：450元
19x24cm·120頁·彩色

Patchwork·拼布美學06
秀惠老師。
不藏私的先染拼布好時光
作者：周秀惠
定價：380元
19x24cm·120頁·彩色+單色

Fun手作72
全圖解新手&達人必備
壓布腳縫紉全書
作者：臺灣喜佳股份有限公司
定價：580元
19×24cm·192頁·全彩

FUN手作84
拼布包也能這麼作！
設計師的私房手作布包
作者：台灣羽織創意美學有限公司
定價：450元
19x24cm·136頁·彩色+單色

學拼布嗎？
初心者必備
練功祕笈在這裡！

玩布作02
人見人愛的卡哇伊手作小物
作者：BOUTIQUE-SHA
定價：199元
17×24cm·71頁·全彩

玩布作03
拼布基本功I
作者：BOUTIQUE-SHA
定價：220元
17×24cm·65頁·全彩

玩布作04
拼布基本功 II
作者：BOUTIQUE-SHA
定價：220元
17×24cm·71頁·全彩

玩布作05
拼布基本功 III
作者：BOUTIQUE-SHA
定價：220元
17×24cm·70頁·全彩

玩布作06
拼布基本功 IV
作者：BOUTIQUE-SHA
定價：240元
17×24cm·87頁·全彩

玩布作07
拼布基本功 V
作者：BOUTIQUE-SHA
定價：240元
17×24cm·87頁·全彩